# 时装画技法

## 造型设计与手绘表现

大鸽（时尚绘）/著

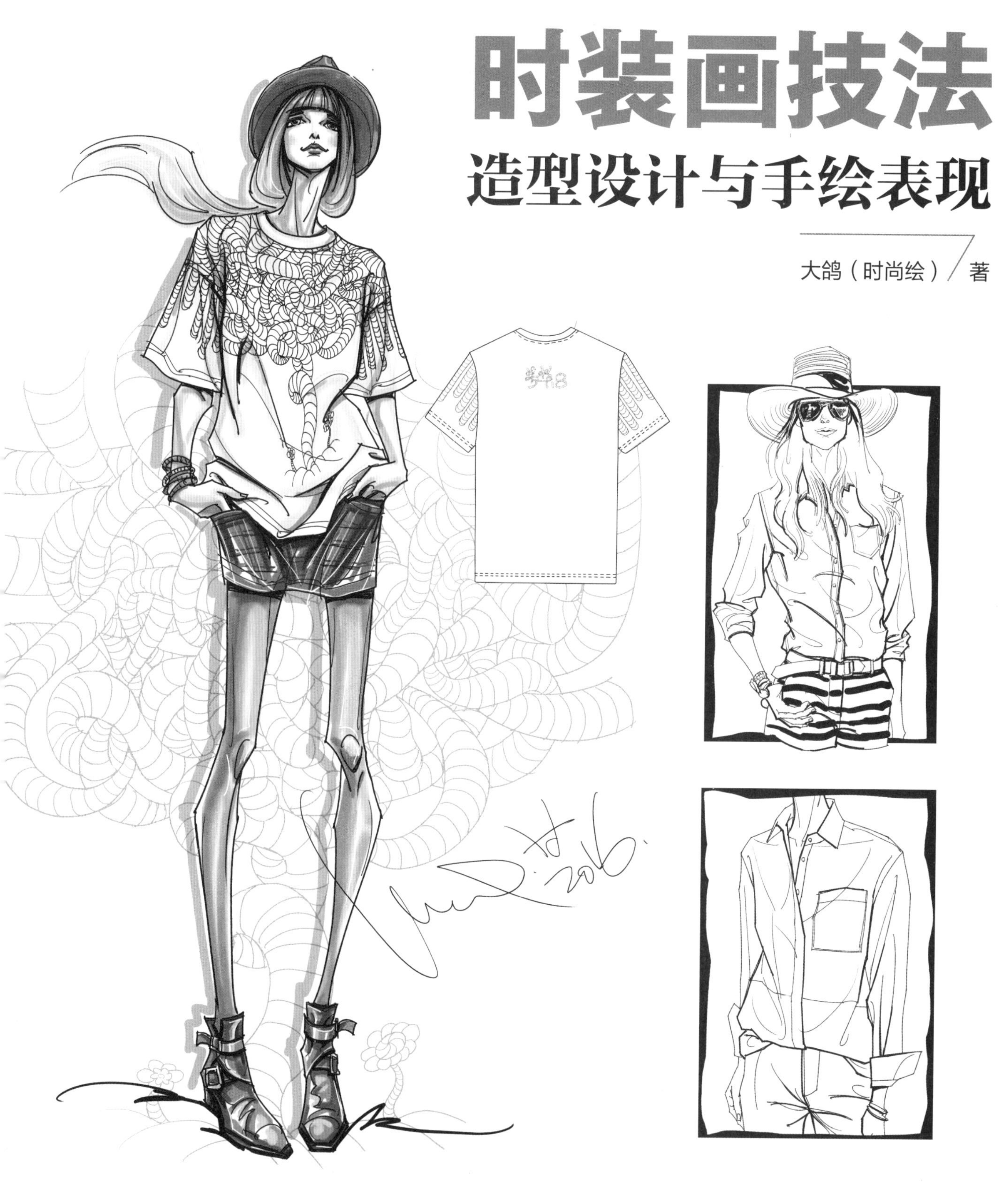

人民邮电出版社
北京

图书在版编目（C I P）数据

时装画技法 ： 造型设计与手绘表现 / 大鸽（时尚绘）
著. -- 北京 ： 人民邮电出版社, 2017.2（2021.2重印）
ISBN 978-7-115-44703-6

Ⅰ. ①时… Ⅱ. ①大… Ⅲ. ①时装－绘画技法 Ⅳ.
①TS941.28

中国版本图书馆CIP数据核字(2017)第010793号

## 内 容 提 要

本书以女装为载体，以时装画的绘制技法为基础，对时装画的绘制方法以及时装画与服装设计的关系做了深入浅出的分析。力求让读者通过对本书知识的学习建立起正确的造型、时尚和风格等概念，逐渐养成从现实对象到变化创作的思维方式，并顺利过渡到将手绘应用于设计效果图的职业阶段。

全书遵循了人体、着装、色彩、材质、构图和氛围的时装画技法训练过程，在介绍了时装画的手绘工具后，先对人体造型表现做了全面深入的剖析，帮助读者打好造型的基础，掌握变化创作的精髓；然后逐步讲解人体着装线描表现技法和时装画着色技法，帮读者掌握必备的时装手绘方法；还着重讲解了时装画的构图知识，使读者具备营造设计氛围的能力。书中所有时装画知识的讲述都力求直观、易懂，让读者迅速掌握时装画的绘制要点，健全对时装画的认识，提高设计水平和个人素养。

本书适合服装设计师、时尚插画师和服装设计爱好者阅读，同时也可以作为服装设计培训机构和服装设计院校的教学用书。

◆ 著　　　大　鸽（时尚绘）
责任编辑　杨　璐
责任印制　陈　犇
◆ 人民邮电出版社出版发行　　北京市丰台区成寿寺路 11 号
邮编　100164　　电子邮件　315@ptpress.com.cn
网址　http://www.ptpress.com.cn
天津市豪迈印务有限公司印刷
◆ 开本：880 × 1092　1/16
印张：16.75
字数：425 千字　　　　2017 年 2 月第 1 版
印数：34 701 – 36 700册　　2021 年 2 月天津第15次印刷

定价：89.00 元

读者服务热线：(010)81055410　印装质量热线：(010)81055316
反盗版热线：(010)81055315
广告经营许可证：京东市监广登字 20170147 号

# PREFACE 前言

对于服装设计师来说，绘制时装画（或服装画，以下统称“时装画”）是一个必备的专业技能。服装市场仿款接单的运作模式，使手绘经历了一段旁落的时期。随着原创和独立设计的兴起，整个服装行业逐步转型升级，越来越多的设计师分流，自己开始设计创业，手绘再次回归。当然，这不是简单的将传统手绘再现，而是建立在各种绘画软件的多样性和功能完善性的基础上，使数码手绘与传统手绘相互配合，使手绘再次散发出魅力，回归到设计师的创作桌面上来。

手绘作为服装设计入门的一项专业技能，设计师必须正确理解画好时装画对服装设计的意义。

以往在时装画的绘制训练中，容易忽略人与服装最深层次的关系，简单画出人体配上粗略的着装就算完成了。很多人在学习时装画很长一段时间后，对服装设计依然是迷惘的，虽然基本掌握了时装画的绘制方法，但是并不能顺利过渡到将手绘应用于设计效果图的职业阶段。因此这样的学习训练会让我们错过很多有意义的知识的积累，也错过了设计习惯的培养过程。时装画的学习过程，简单概括就是人体→着装→色彩→材质→构图→氛围的时装画技法训练过程，这也相当于服装设计的人体工学→服装结构→色彩的应用→面料材质的效果→形式感的建立（款式）→消费心理（风格定位）的满足的认知和建立的过程。可见时装画的训练就是服装设计的一个潜移默化的训练过程，在这个基础上再去实践，你会获得更多的直观感受。时装画画得好的标准就是要体现以上的概念，如果不能体现，那就仅仅是绘画或插画，不是真正好的时装效果图或时装画，对这一点我们要深刻领会！

无论是纸绘还是数码软件的手绘形式，都是设计师一笔一画表现出来的，是设计师的情感体现和心路历程，非常富有人情味！这和服装的创作过程也是极其相似的。

对于服装设计师来说，在进行服装款式设计时，时装画（也称作“手稿”）的绘制过程就是一个设计探索和思考的过程。这些过程包括一些概念、符号，而当一个想法逐渐清晰明朗的时候，这些想法汇总成为一种造型的基础，通过不断地修正调整，最后延伸出更多的效果草案，再通过权衡筛选确认自己满意的设计方案。而效果图就是早于裁剪（平面和立裁）的一个最直观的推敲和检验设计概念的途径。世界上许多服装设计大师都更加注重此过程。

一幅好的时装画，是设计师自我素质和能力的体现。人物对象的基本造型，体型特征及其构造和比例，色彩的计划和服装款式的搭配概念，以及质地的构思，无不在效果图的描绘中自然地流露出来。所以说时装画既是一种方便的设计表达形式，也更是一种快捷地侧面体现设计师综合设计素养的有效方法。

时装画还可以细分为时尚插画和设计效果图，这样的关系不是完全绝对的，它既可以是包含关系，也可以是独立的关系，只有基于实用主义的角度才有细分的意义，时尚插画更注重装饰艺术的表现，而设计效果图更有实用的现实意义。从文化影响的角度看，时尚插画对设计效果图能够产生积极的影响，可以提升效果图的艺术表现力；而设计效果图更加注重创作的理性，是插画意义上的“收”。由此可以理解为：时装插画是养兵，效果图是用兵；时装插画赋予了精神的养分，效果图提供了艺术的现实价值。

服装设计初学者在进行一系列的时装画手绘训练的过程中，逐渐建立起造型意识、时尚概念、风格趣味及审美价值，这既是一个潜移默化的过程，也是一个循序渐进的由量变到质变的过程。在实际的服装操作前，画好时装画的过程其实就是个建设美丽工程的事，同时也是为实际的服装设计创作去积累素养和打下良好基础的过程。

另外，除了服装设计师职业的需要外，有一部分沉迷于时装画绘画的人分离出来，他们既了解时尚，也喜欢服装，但更钟情于对服装时尚的描绘。他们把时装画作为一门独立的艺术来追求，最后成为服装画家或时尚插画家。

笔者沉浸于服装设计十余载，感受到了服装行业的风云变幻，对时装画的感受也是起起落落，也经历过夸大、误解、忽视、正视的这样一个主观和客观交替理解的过程。

本书是我自己对时装画的深刻体会，将这些感悟和表现方法以教程的形式写出来，以期与时装画爱好者进行分享、交流。

大鸽

CONTENTS
目 录

03

04

## 时装画构图技法 161

05

## 时装画着色技法 181

# 01 时装画的绘画工具

相对于其他的艺术形式，服装设计绘画所使用的工具并没有太多的限制，只要能够方便地表达出设计师的设计意图，原则上是任何工具都可以使用。一支自动铅笔、一张A4打印纸，简简单单，一样可以描绘表现。倘若是作为一种训练方法，大胆地尝试更多的绘画介质，可以从中感悟出更多的创作构想，培养出更多的创作习惯。因此，对于时装画的学习，可以分为不同的形式和方法，采用不同的工具进行表达。

通常可以将时装画的绘画形式分为纸上绘画和数码绘画两种形式，简称“纸绘”和“数码绘”。接下来就向大家详细讲解这两种绘画形式所需的工具。

# 1.1 传统纸绘的基本工具

传统纸绘的时装画绘画工具，主要针对着装款式图和款式平面图这两种，是以黑白线描和上色的彩图体现设计意图的描绘形式。根据不同的绘画工具，有与之相对应的绘画技法，从而可以呈现出更加多样化的画面效果。自从有了数码绘画以后，纸绘的时装画似乎更为珍贵，越发能展示它的自然和人情味，有的甚至以艺术品的形式存在。

意大利的René Gruau是第一代服装时尚插画大师

## 1.1.1 纸张

### 1.纸质的大小

A4（210mm×297mm）纸是设计师们最为常用的纸张尺寸。一张A4纸上就可以容纳一个着装人体和基本的款式补充说明，作为一个独立的款式设计手稿已经足够。而作为系列款式设计的话，就需要A3尺寸的纸张了。除了A3和A4之外，再小或再大的纸张都是有特殊需求的，需要根据实际用途来进行选择和考量。

## 2.纸质的选择

如果没有特殊需求的话，A4复印纸（以80克的最佳）是职场设计师们最为常用的纸张。因为复印纸都是裁切好的、可以整包购买，一包500张左右足够练习和设计手稿使用，非常方便。它也能够满足铅笔、墨水笔、彩色铅笔等接近干画法的工具使用。

但如果有特殊的要求，比如画水彩，复印纸在吸水性和平复性上弱一些，如果用马克笔绘画则会出现渗底的情况，因此必须使用水彩纸或是针对马克笔使用的纸张。如果需要使用彩铅，为了更易着色及使颜色更为鲜艳，选择有纹理的纸张会让你获得满意的效果，比如素描纸等；但要注意不要选择松软粗糙的纸，其容易起毛，也不易着色和叠色。因此，对于有特殊要求的服装手绘，所选用的纸张应该与使用的工具和表现技法相匹配。对于初学者而言，可以多买几种纸试试性能，找到符合自己手感的纸长期使用。

常用普通办公复印纸

## 3.特殊纸质（也称专业用纸）的选择

对于进口的纸张，推荐大家使用意大利的法比亚诺（Fabriano），其性价比最高且含50%棉，此外还有英国的博更福（Bockingford）和获多福（Waterford ），法国的康颂（Canson）系列等，这些纸用于画水彩和彩铅都非常不错。国产的一些有色有纹路的彩卡纸，画彩铅也能有意想不到的效果。法卡勒专用马克笔画纸用于马克笔的绘制，效果非常棒，这种纸不会渗底，且色彩鲜艳明亮；国产的宝虹纸用于马克笔的效果也很不错。除此之外，在选择纸张的时候还应该注意纸张的克重（普通水彩纸190克就可以）、棉浆（吃色更佳）、木浆，以及纸张表面的纹理和光滑程度等问题，可以在购买前多了解再下决定。如果只是用于普通的设计，其实并不需要如此严苛的选择。

法卡勒马克笔纸

水彩纸的纸纹

## 1.1.2 画笔

传统时装画的画笔工具也很丰富，但总的来说并不复杂。从专业的角度来讲，越简单越好。根据时装画的绘制过程，画笔工具可以分为描线工具和上色工具两类（当然也可以用上色的笔进行勾线）。

常用勾线笔：一般的自动铅笔、黑色水笔、钢笔、针管笔、圆珠笔或毛笔等都可以在描线时使用。

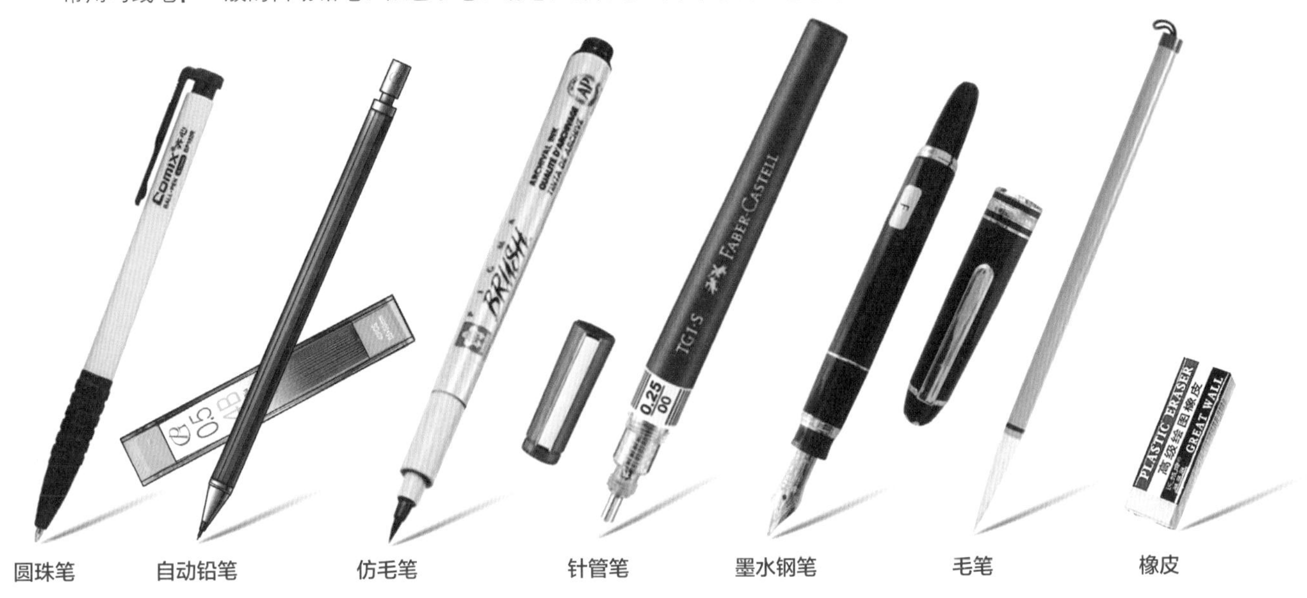


常用的上色笔：彩色铅笔、水彩笔、马克笔、色粉笔、多色圆珠笔等，凡是能上色的工具原则上都可以使用。

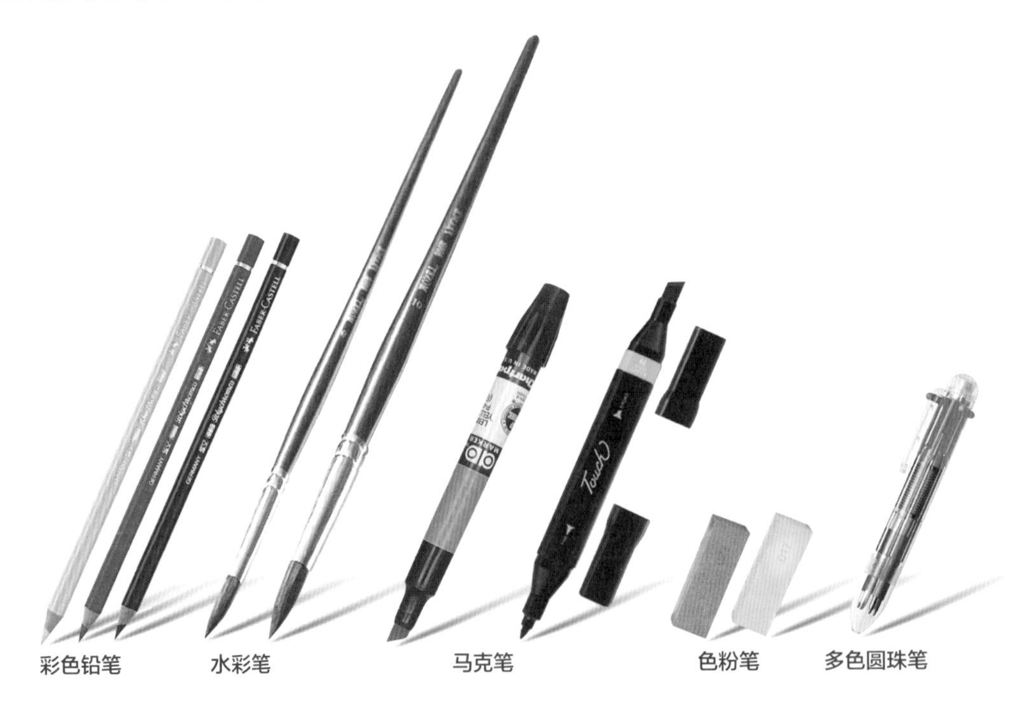

下面简单介绍几种最主要的画笔的使用方法。

## 1.彩铅

市面上的彩铅一般分为水溶性彩铅和油性彩铅两种，水溶性彩铅比油性彩铅的颜色更加鲜明。设计师多喜欢水溶性彩铅，因为它是介于普通彩铅和水彩之间的画笔工具，可干可湿，在画面效果的表现上可以更加丰富。比如国产的马可、德国的施德楼和辉柏嘉等都是不错的选择，大家可以根据实际需要选择购买。需要注意的是，如果预期的效果是水彩居多，那么纸张的纹路和挺度就要比画细腻画法的纸张有更高的要求。

认知1：应该根据实际需要选择购买彩铅色彩的数量。一般初学者以选择36色为佳，色彩过多反而容易混乱。对于服装设计师来说基本上使用的都是概念色，而彩铅可以混色，所以36色完全能满足绘画的需要。

认知2：彩铅还有一个重要关注点就是笔芯。一般而言，水溶性彩铅的笔芯比油性彩铅的笔芯更软一些，笔芯不易折断，容易上色，叠色匀称，但不适合刻画细节，笔芯易消耗；而油性彩铅的笔芯相对较硬，透明度高，色彩更加鲜艳，更适合刻画轮廓或细致的图案。

水溶性彩铅和油性彩铅的选择

素描纸的彩铅画效果

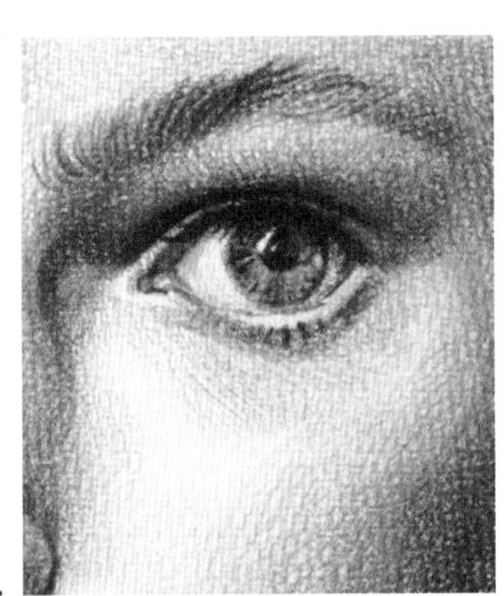

水彩纸的彩铅画效果

## 2.水彩笔

用水彩进行时装画的练习，得益于水的渗透和水渍效果。既可干画，也可以湿画；既可以大面积铺开来画，也可以细致深入地画。对于画“小画”的时装画来说，也就是大效果和小细节相结合的画种，用水彩是再合适不过了！

纸绘水彩时装画

模仿水彩晕染效果的数码时装画

水彩笔也是丰富多样的，但对于画时装画来说，常用的也就那么几支，这主要受限于纸张的规格，因为时装画一般不会很大。如果按笔号来选择，10号以内的笔挑大、中、小3支就足够了。至于其他特殊的笔型，可以根据个人的习惯进行选择。需要提醒的是，在使用水彩笔之前还需准备好一支铅笔，用来画线打稿。

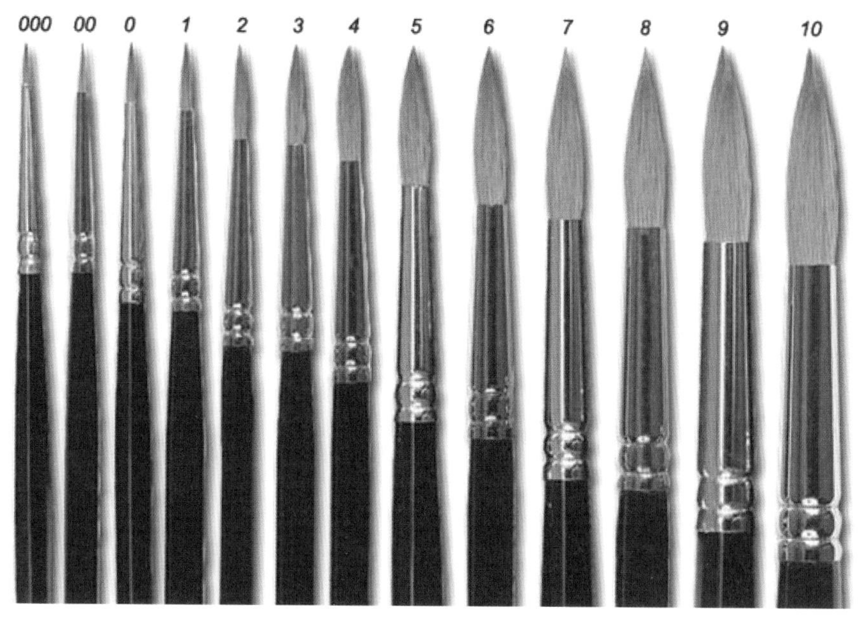


笔号间隔分开挑选3支

## 3.马克笔

马克笔来自记号笔，颜色非常丰富，可供我们随心所欲地支配使用。快捷、立竿见影、出效果，是马克笔的最大优势，因此受到众多服装设计师的青睐。

和彩铅、水彩相比，马克笔不能很好地将自然色彩再现 ，但恰恰是这一点成了马克笔最大的特色。马克笔在进行服装绘制的时候，对色彩能更精准地概括和提炼，形成不同于其他画种的独特效果。

虽然马克笔的色彩很丰富，但对于服装设计师来说，用到的颜色并不多，因为很多颜色效果都是可以在覆盖后体现的。在描绘的时候，只要掌握好色彩的基本原理，用几种颜色就可以画出丰富的色感来。建议大家把常用于画肤色的色号和常用的灰色色号记下来，再搭配好需要的服装色彩，就可以表现出比较稳定的画面效果。

马克笔分水性和油性两种。水性有点水彩的味道，当然没有水彩特有的水渍效果，色彩的相互渗透感也没有那么强烈，但深入刻画后依然可以表现出自然柔和的效果；相比之下，油性马克笔在服装设计效果图上用得更多一些，因为它的色彩更加响亮、明确，更容易创造画面效果。但下笔要肯定，快慢的分寸要掌握好，落笔要毫不犹豫，才能产生干脆利落的笔触，这恰恰就是马克笔所独有的魅力！

## 1.2 现代数码绘画工具

在有了电脑和网络之后，数码绘画成为传统绘画形式的一种延伸和发展。数码绘画分为鼠绘（使用鼠标作为主要制作工具，它的绘画性更多地体现在“制作”上）和手绘板（采用电子笔与数码板、数码屏为制作工具，其形式更接近于纸绘）这两种方式。它是一种相对更为环保的绘画形式。数码绘画所使用的纸张、画笔、颜料都是虚拟的，其优于传统绘画形式的是随时纠错功能，可以随时进行修改；在作品的收藏和保存上，可以说是永远的“保鲜”。

另外一个不得不提的优点是数码绘画的交流互动和传播功能，可以说这是个即时的、可随时进行的行为。在有网络信号的时候，数码绘画作品还可以随时传送，与朋友分享、交流自己的创作。因此，它是绘画爱好者、设计师最为方便快捷的绘画工具，其便捷功能是传统绘画形式无法比拟的。和传统的绘画形式相比，其效率提高了很多，非常符合现代社会的生活节奏。

在时装画中，笔者认为传统纸绘所描绘的性格特征更加凸显，艺术性和收藏价值更高；相比之下，数码绘画更多的是一种绘画乐趣的体现，其绘画方法更加自由，表现工具更加多样，传播和交流也更加便捷。根据绘画目的的不同，大家可以选择适合的绘画方式。

纸绘作品　　手绘板数码作品

## 1.2.1 基础数码绘画必备条件

数码绘画的基本要求是——要有电脑和基本的配置。电、电脑、手绘屏、手绘板以及电子笔是必备的条件。电脑取代了现实中的储藏室，画好的画稿、收集到的各种资料以及虚拟的画纸、颜料颜色、各种材质等，都可以保存在电脑里或移动硬盘中。从某种意义上来说，这是一个无限大的储存空间，再也不必担心你的画作找不到或是不好保管的问题了。

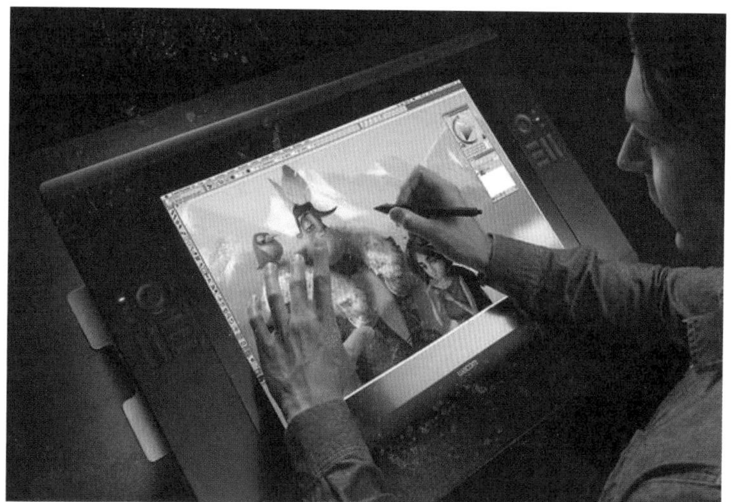

Wacom数码手绘板

## 1.2.2 数码绘画的常用软件

数码绘画仅有硬件配置还不行，还要有可以绘画的相关软件，也就是说还要有模拟现实绘画的虚拟应用工具，即各种绘图和制作软件。常用的软件有：Adobe Photoshop（简称PS）、SAI、Corel Painter、CorelDRAW 、Adobe Illustrator（简称AI）、Alias SketchBook和ComicStudio 等。

## 1.2.3 软件中常用的虚拟画笔工具

软件中的虚拟画笔工具非常丰富，可以说现实中有的绘画工具在虚拟工具里也都一应俱全，甚至更多。虚拟工具的最终目的是尽量呈现现实工具中的笔迹、笔的性能、笔的规格及描绘的效果等。虚拟工具可以将每种笔的笔触进行预先设置，从而在数码绘画的时候更好地体现出它的优势，可以获得无数的绘画肌理效果，而这些正是现实纸绘难以做到。当然，我们也可以无视传统的效果，自己摸索出另一种“新”画法，只要是能够很好地体现所描绘的对象或概念的，都是好的时装画。

数码软件的虚拟画笔及笔触效果

# 1.3 虚拟绘画画笔工具的使用

使用数码绘画，很多人觉得软件中的笔太多，不知道从何下手。我觉得在刚接触软件画笔的时候，先别太在意它叫什么笔，每样都尝试一下，找到自己最喜欢的笔触效果并多加练习。通过不断地摸索和试验，找到最佳方法。

当然，虚拟画笔工具是模仿现实中的画笔工具而开发的，因此某些常用的笔会很接近现实的画笔，多少都能预感到即将描绘出来的效果，不妨从自己最熟悉的画笔开始练习。

下面介绍一些常用软件（Photoshop、SAI、Paiter）的画笔工具，大家可以选择自己喜欢的软件，从软件中使用这些基本的画笔开始，逐步感受数码画笔所带来的绘画乐趣。

## 1.3.1 草稿工具

数码绘画中使用的草稿工具，实际上是模仿现实画笔中铅笔的使用概念。在现实中，根据画者的用力不同，铅笔在画面中会产生浓淡的层次感。而数码是通过调整画笔的一些性能，比如粗细、浓淡、笔触的颗粒效果等，达到和真实的铅笔效果一样的仿真感。在绘制时装画之前，简单地做些构图草案还是必要的，能为正式落笔打下良好的基础，因此调节好笔色的浓淡是很有必要的。

Painter软件的草图工具

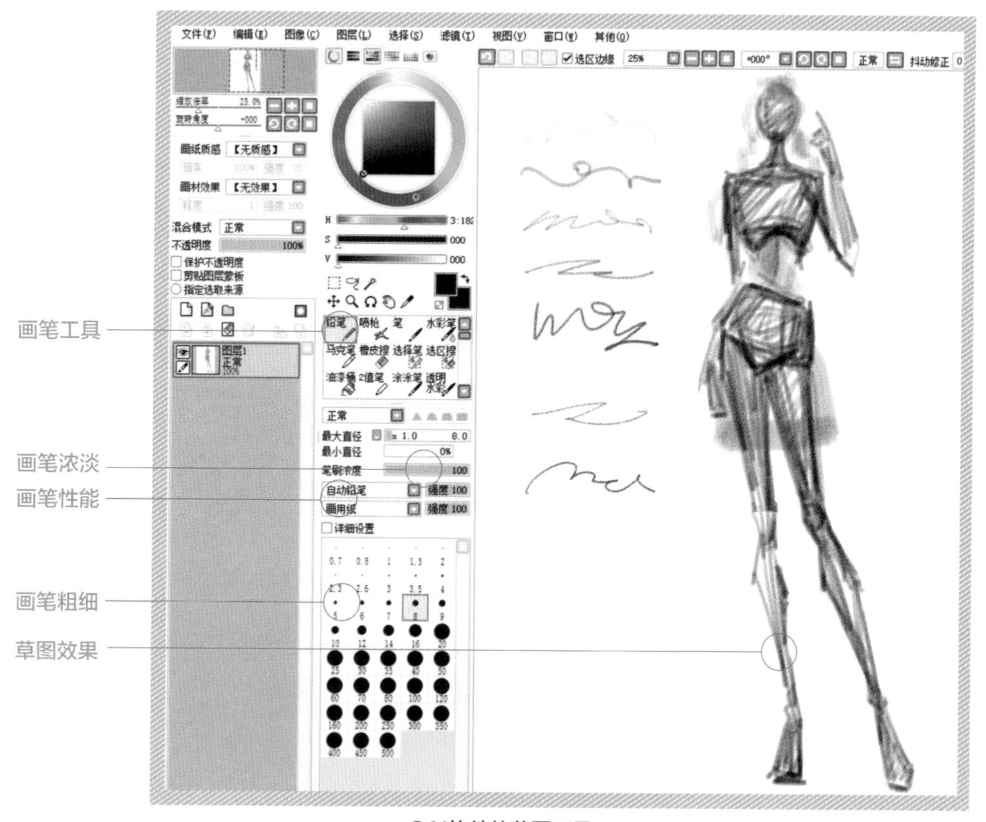


SAI软件的草图工具

Photoshop软件的草图工具

## 1.3.2 勾线工具

从使用的角度上看，软件中的任何笔都可以作为勾线工具来使用。如果想要模拟现实中的勾线效果，通过一些属性的设置依然可以实现。不过不同的软件还是有一些不同的地方，大家可以多尝试一下。

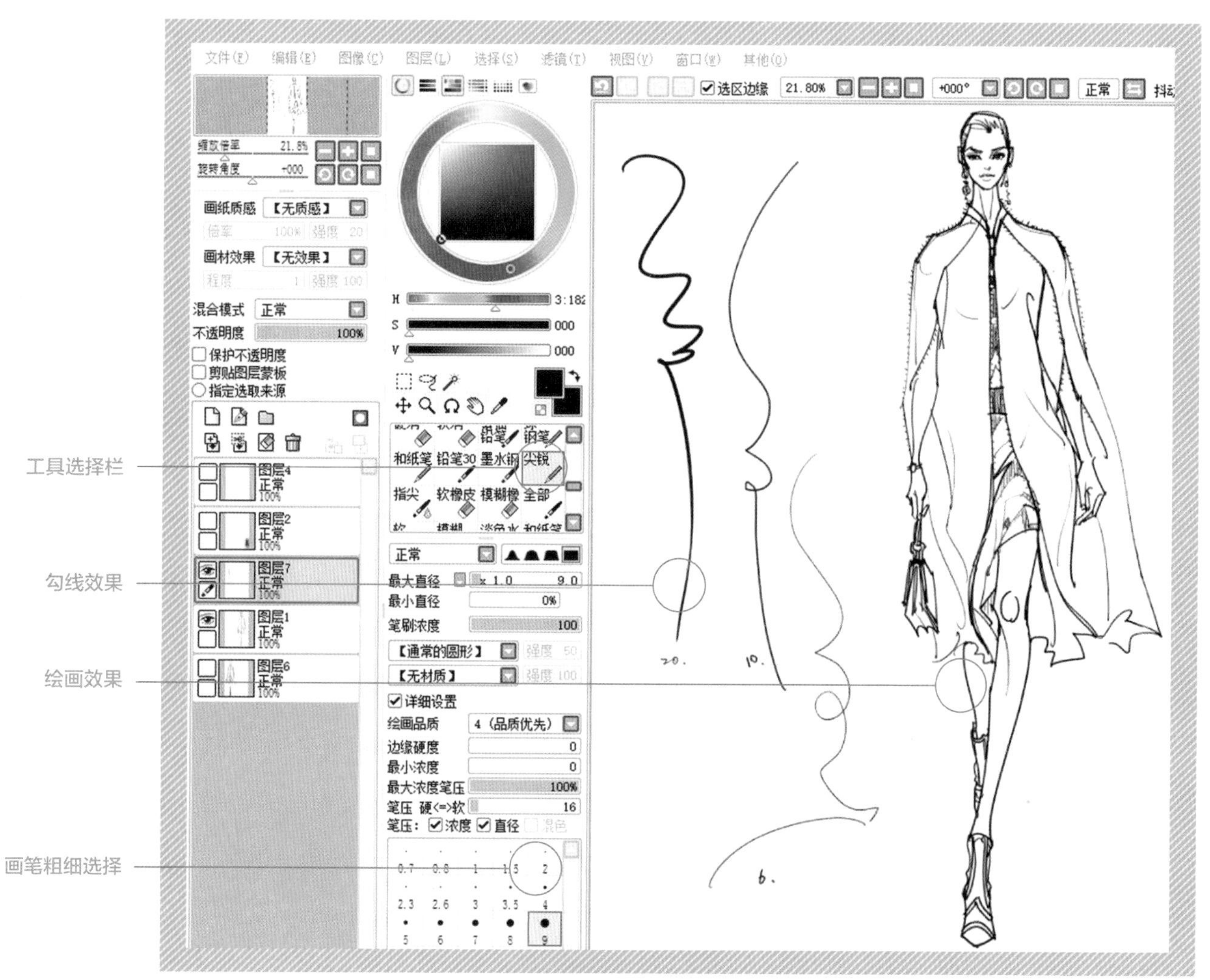


SAI软件的描线工具

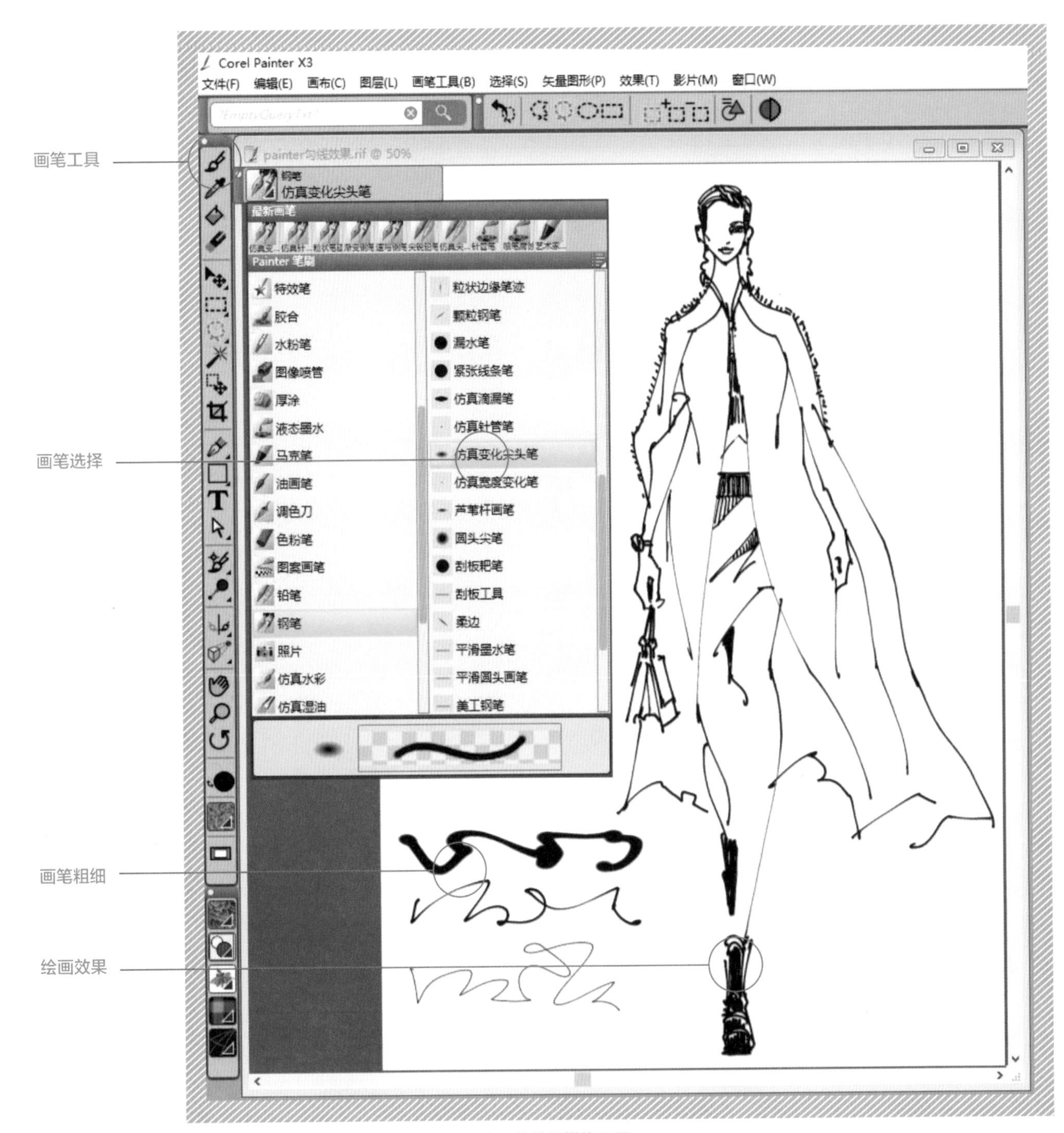


Paiter软件的描线工具

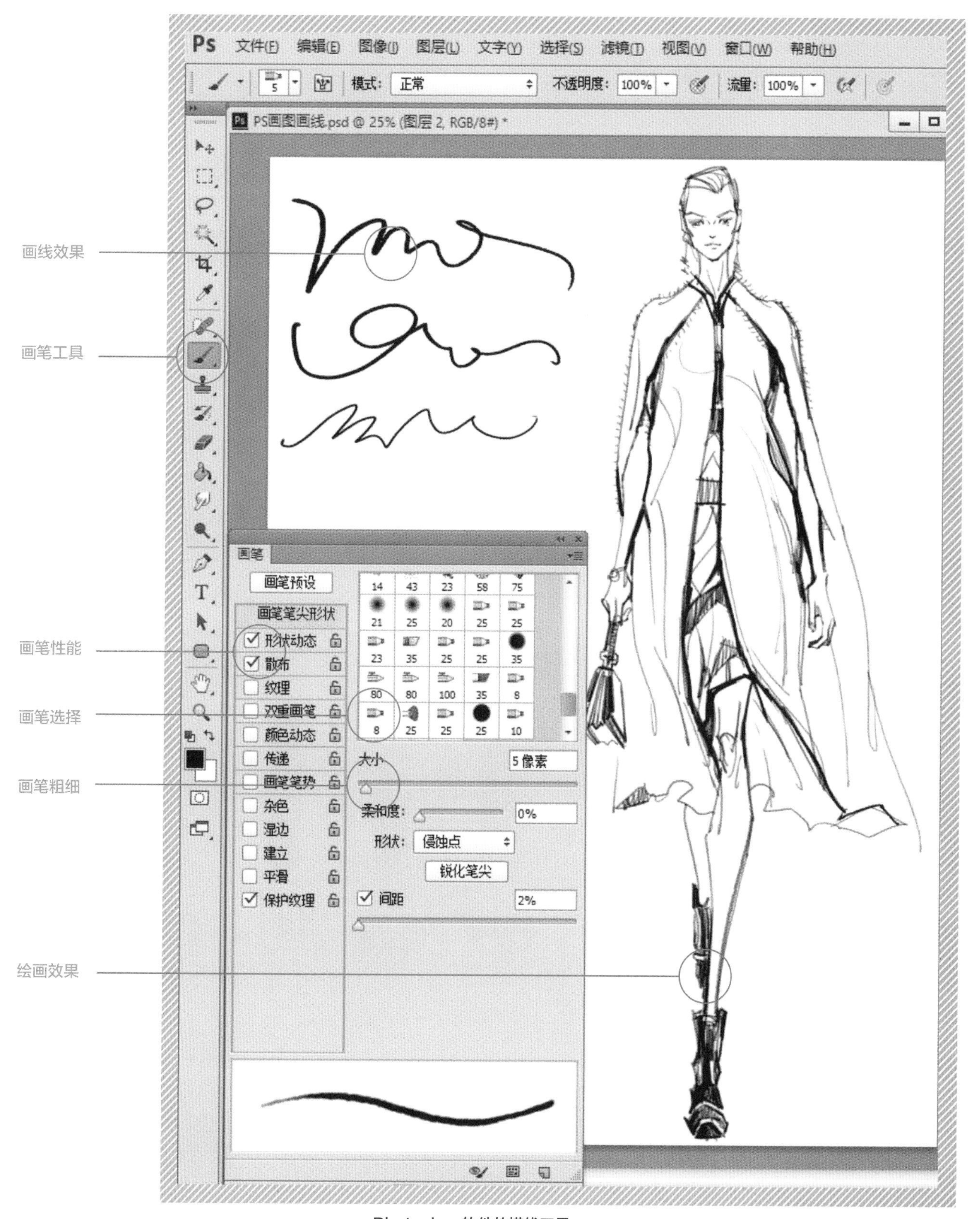


Photoshop软件的描线工具

## 1.3.3 涂色工具

数码绘图软件的涂色工具和现实中的涂色工具在本质上有所不同。纸绘的涂色工具相对比较独立、明确，但在数码绘画中描线和上色的区分就很模糊。由于数码工具的大小、颜色浓度、软硬性能等都可以进行自由调节，任何一个工具都有可能兼具描线和上色的功能。如何才能使用好涂色工具，可以根据个人的需要和喜好来定。在平时的绘画练习中，要有意识地尝试各种笔的性能，将画出的效果牢记于心，然后在以后的绘画中多多应用。时间长了，自然就熟能生巧，还能琢磨出更多的应用效果。

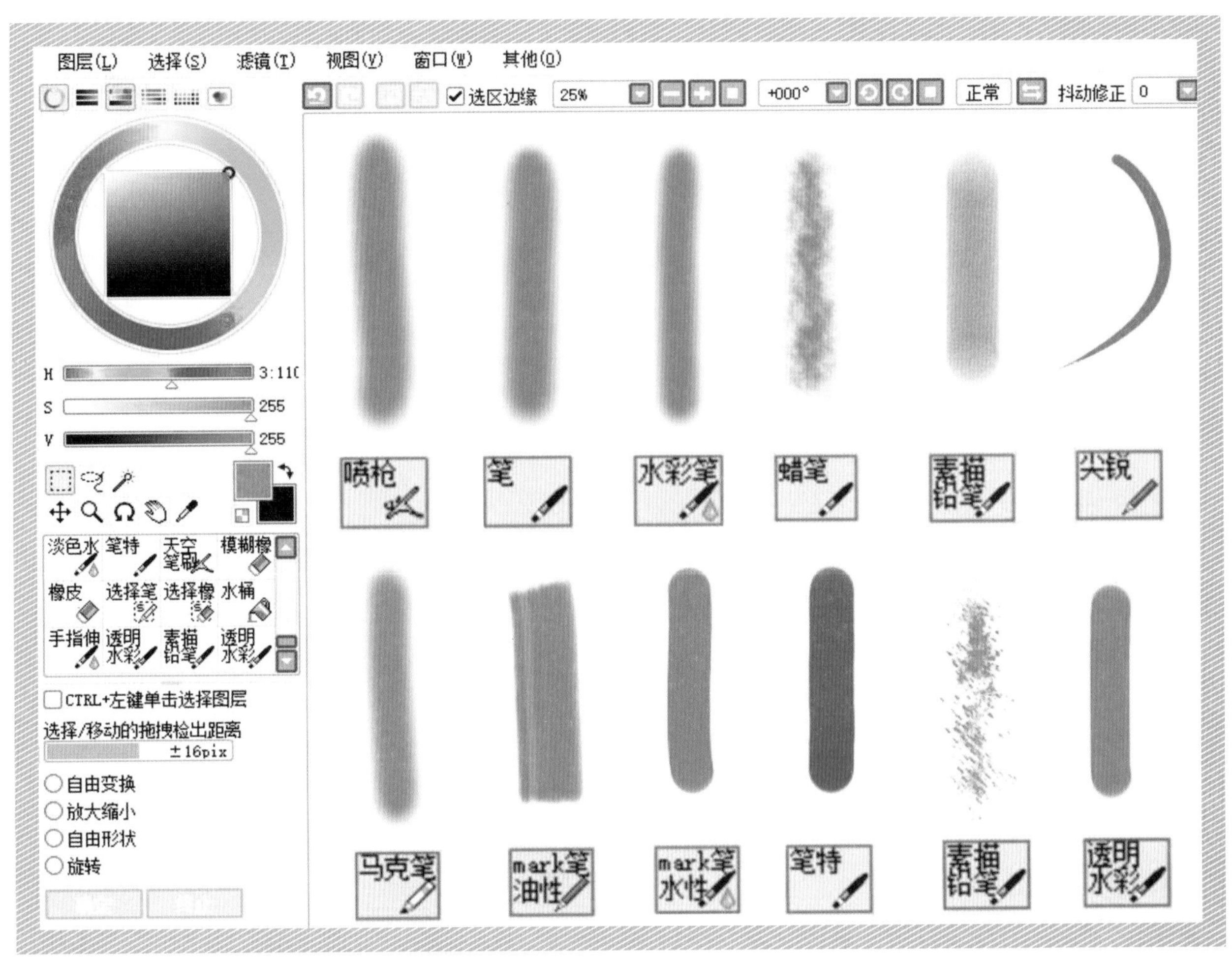


SAI软件的涂色工具

**TIPS**

绘图软件的上色工具与现实纸绘相比，具有无可比拟的强大功能。初学者不要急于求成，先从熟悉一种工具、一种上色的效果开始，多画一两张后，根据自己的感悟能力再进行更多的尝试。以循序渐进的学习方法进行数码绘画，就能克服害怕使用软件绘画的心理。当你掌握以后，一定会很喜欢这样一种手绘形式，对设计工作大有裨益！

## 1.3.4 效果工具

数码软件除了具有方便、实用、仿真现实绘画工具的特点外，还有一个更为强大的功能是纸绘所不能比拟的，也可以说这是数码绘画的最大优势，即它的画笔笔触肌理效果的无限扩展性。也就是说，只要你能想得到的肌理效果都可以在数码绘画中体现出来。既可以自己画出来，也可以使用肌理笔触来辅助绘制效果。任何一个绘画软件都具备这样的功能，下面通过SAI软件来感受一下。

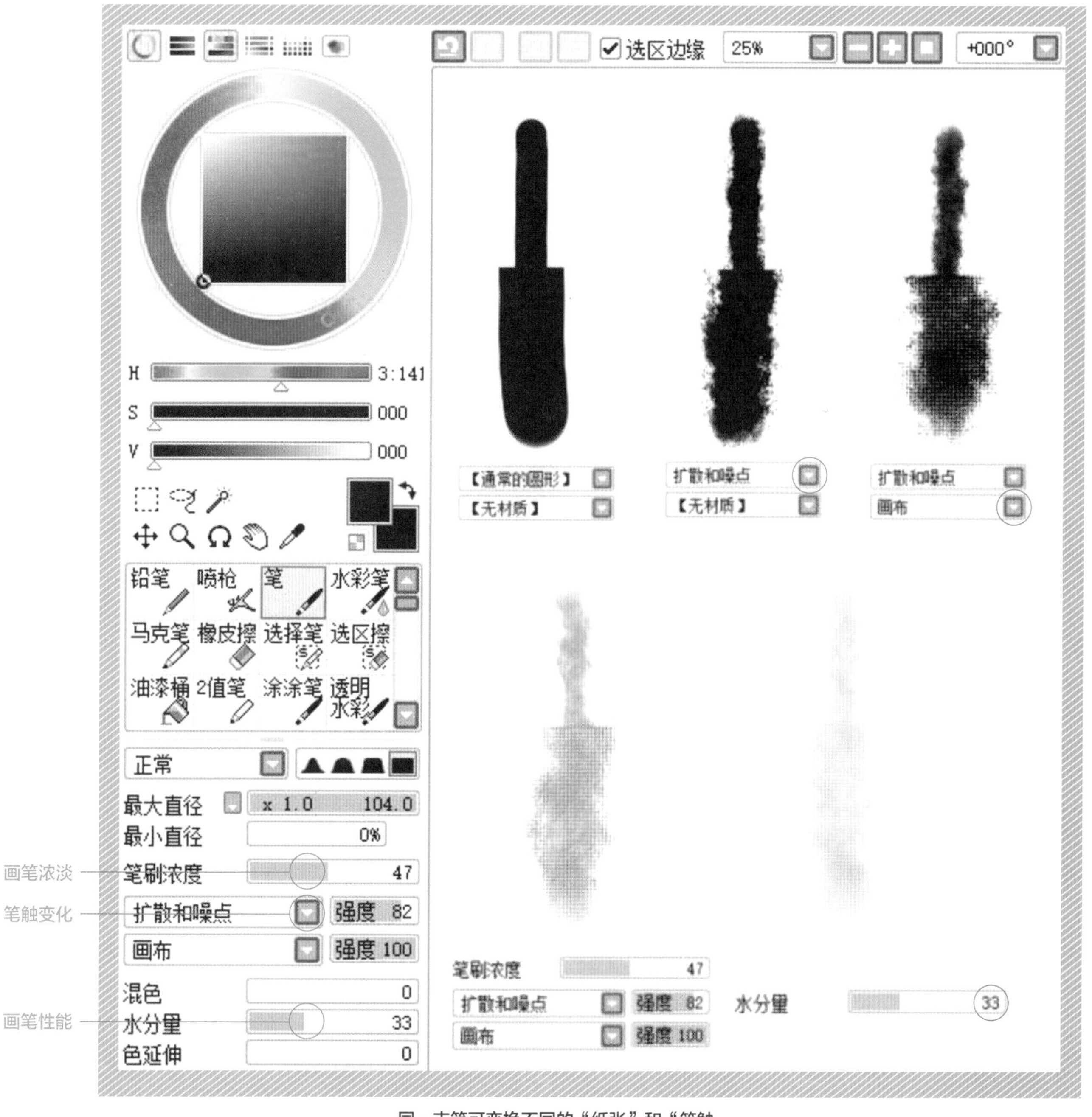


同一支笔可变换不同的“纸张”和“笔触

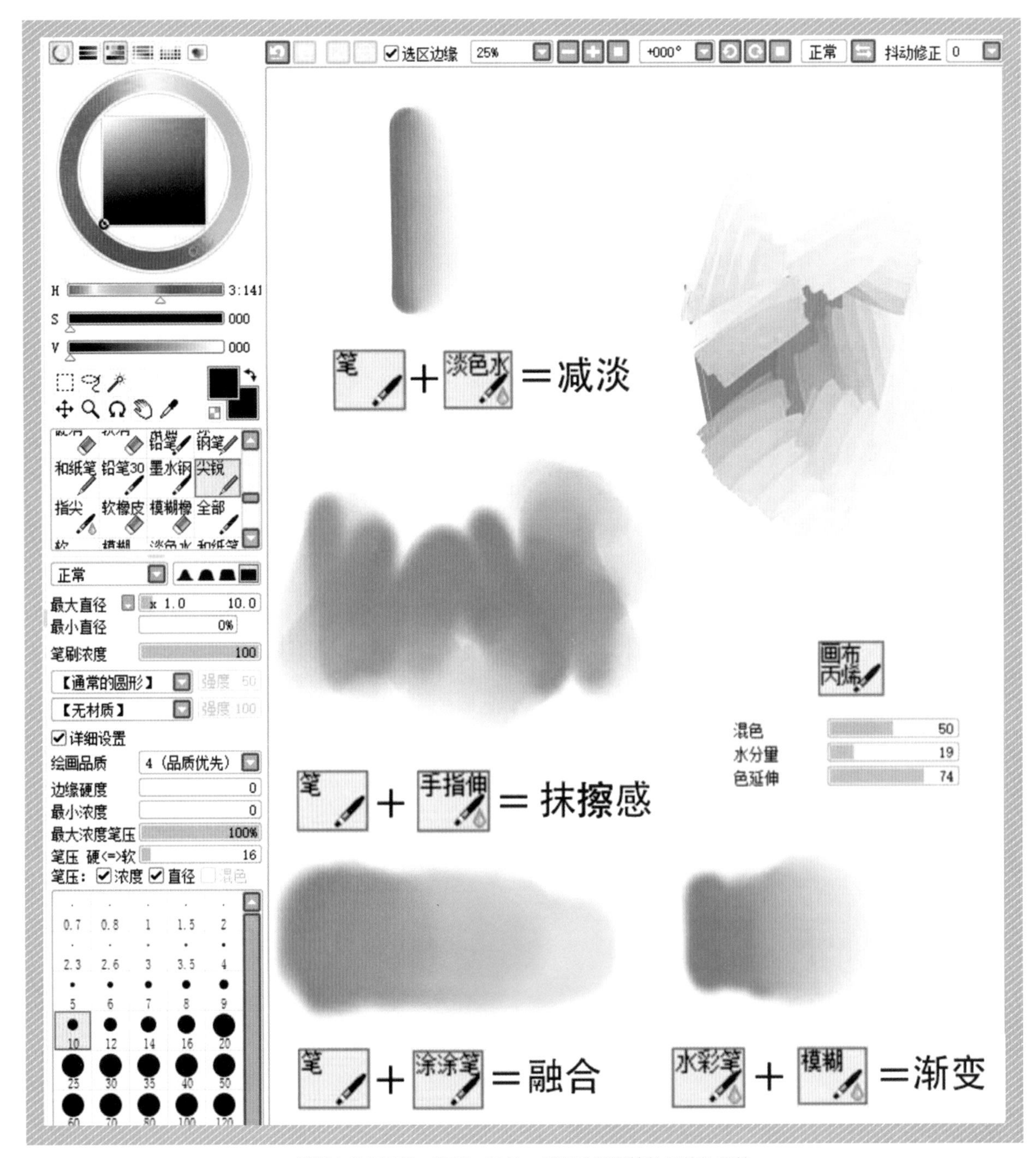


笔刷上色后晕染、渗透、混色、抹淡及模糊等效果的处理的

**TIPS**

绘画软件除了能方便地将指定的颜色描绘好之外，还可以通过软件自带的滤镜功能随时改变颜色的色相、纯度和明度关系，对日后做配色方案也是大有帮助。

# 02 人体造型技法

无论是服装的前期设计还是在制作完成后的试样阶段，在这样一个越来越专业的过程中，我们所经历的每一个步骤都难免会与人体打交道。服装设计的整个过程其实就是完善人体造型的过程。因此，对于人体造型的认知与理解，是从事服装设计必须要掌握的一门学问。而入门级的时装画更是把这一知识转化为一种专业的技能，熟悉人体、了解人体，最后对人体进行造型设计，这也是画好时装画的基础和关键。

# 2.1 人体造型设计基础知识

要想画好时装画，掌握人体造型是根本。人体就如同挂衣服的架子一样，只有架子搭好了，衣服才能展示得更完美。要掌握好人体的造型，首先要掌握好人体的比例关系。比例的内涵是“分寸”和“协调”，包括长度、宽度和厚度的三维关系。

## 2.1.1 正常人体比例

人体比例的美感与实际的人体高度其实并没有太大的关系，比例好的人体，无论高矮，单独看也会显得很高挑；比例有问题的人体，也许长得很高，但单独来看也会显矮。而人体自身的比例关系实际是指人体各个部位之间相互存在着的大小关系，这些关系是互动的、微妙的。我们常说这个人的身形长得好，其实就是比例很好，所谓的“多一分则胖，少一分则瘦”就是这个道理。当然，人的需求是根据自身的形体和现实要求来选择合适的服装作修饰，市场的需求也决定了设计的目标形态。另外，由于所处的生活环境、文化取向等复杂因素，人的审美也是各不相同的，导致所谓的“环肥燕瘦”。但某些基本的审美总是隐藏在大众的基本审美的比例认同中，从而不自觉地让我们产生各种不同形态的印象分类。

单独看各种比例各有千秋

集中在一起看，对比中又产生不同的感受

在表现人体造型的时候，一开始不要急于画变化夸张的人体，应该先认知正常的人体比例，再描绘变化夸张的人体，这样可以在效果和变化处理上把控得更好。而且对于正常人体的了解，有助于我们在设计服装的时候能够更多一些客观的现实考量，来增强款式设计的人性化作用。毕竟时装画和效果图多少都会有理想化的主观感受在里面，但如果做到心中有“人”（真实的人），就不必担心款式的设计缺乏人味，哪怕是抽象和夸张的效果表达。

为了不混淆视听，先将人体进行简化，然后再逐渐“还原”出“真实”的人体形象。人体是复杂的，不同的人的体型出入很大，世界上没有两个人的体型是一模一样的。因此，在着手描绘人体比例时，是基于一个基本的形体平均认知来进行的。从某个角度上可以这么认为，这是个理想的比例造型，但这个理想造型和现实中的人差别不远，不是夸张或抽象，而是在尽量接近的基础上进行一定的美化。

基本的人体概念图是我们在去除细节和准确特征后对人体的理解。然后我们在这个基础上分析正常人的比例状态。为了更容易把握，一般以人头为比例的基本单位。一个7个半头长的比例，就是一个让我们看起来很舒服的正常人了。

在画7个半头前，先定出8个头的高度。这里是以直立的人体为例，注意先画出垂直中心线，有助于将人体的左右画对称。

有了高度的位置，接着就要定出人体的宽度。宽度同样也使用头作为参照单位。

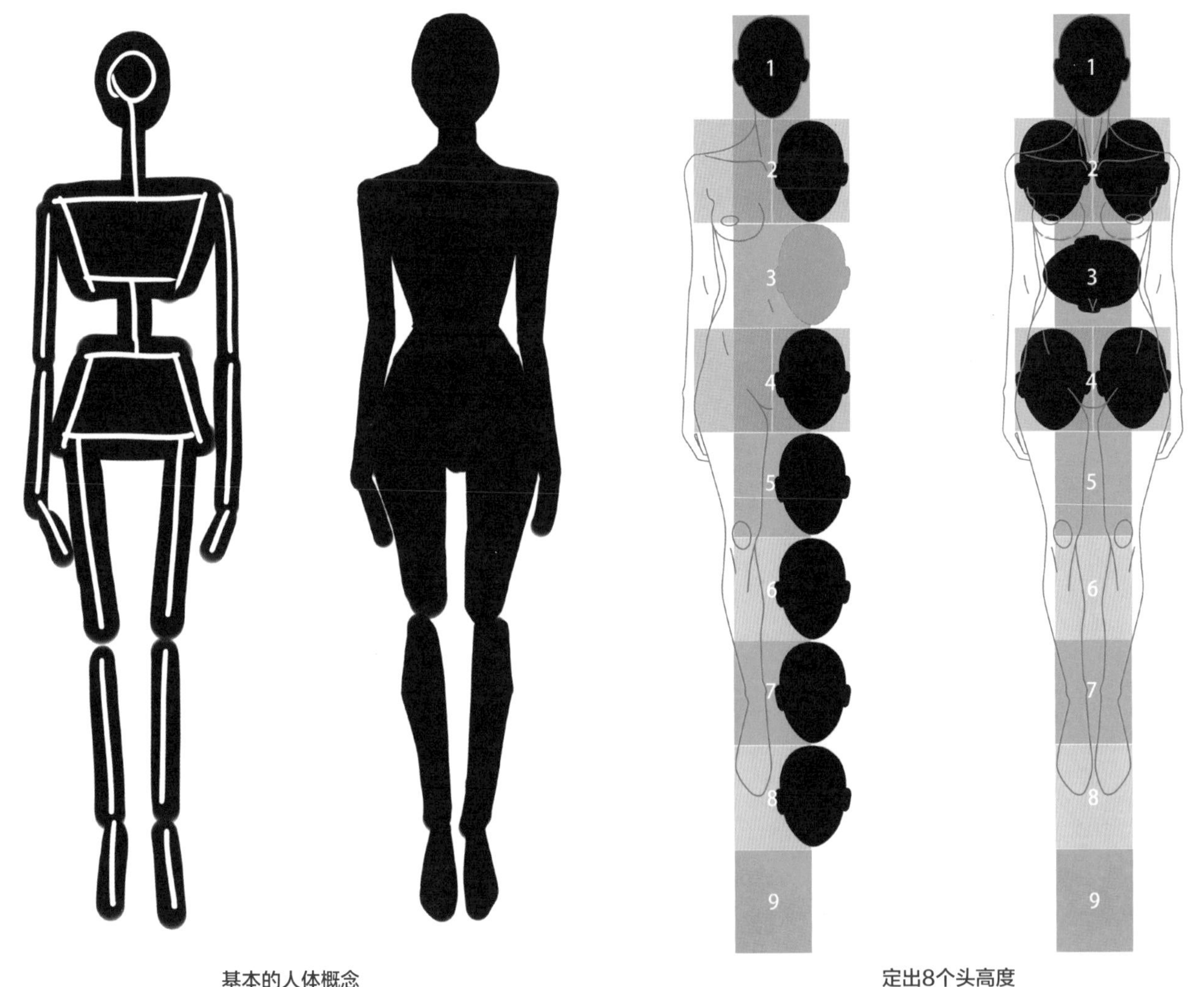


基本的人体概念　　定出8个头高度

**TIPS**

这里的腰部是按一个头长作为参考的，但在实际画的时候可以把腰宽稍收小一点，因为细腰显得人体更漂亮！

在画宽度的时候，只要掌握好头、肩、腰和臀胯这几个主要部位的宽度比例，就可以以此为参照确定手和腿脚的宽度。记住，在经验还不足的情况下，描绘比例时应该先从大的部位入手，然后再画小的部位。只有这样才能更容易把控比例，画出需要的人体比例效果。

在画好人体的高度和宽度的比例后，就可以继续深入描绘一些重要的细节部位的比例关系了。比如肩膀、胸部（乳房）、胸高点（乳点）、胸腔下沿、腰节位置、臀胯位置以及X点、膝盖、脚踝和脚尖（穿高跟鞋的效果）的比例位置。

在确定好关键结构的比例后，就可以开始描绘一些细节点，如锁骨、腋窝和肘、臀（注意：人体直立时臀宽的最外点不是骨点，与X点平齐）等。最后进行必要的修饰整理，一个符合正常人体比例的人体效果图就描绘好了。有了比例的认识，我们就有了画好人体的基础，任何动态的变化，以及人体的变形和夸张，都是在这样的基础上展开的。这就好比我们建好了时装画的地基，剩下的内容就等着我们来慢慢充实和丰富了！

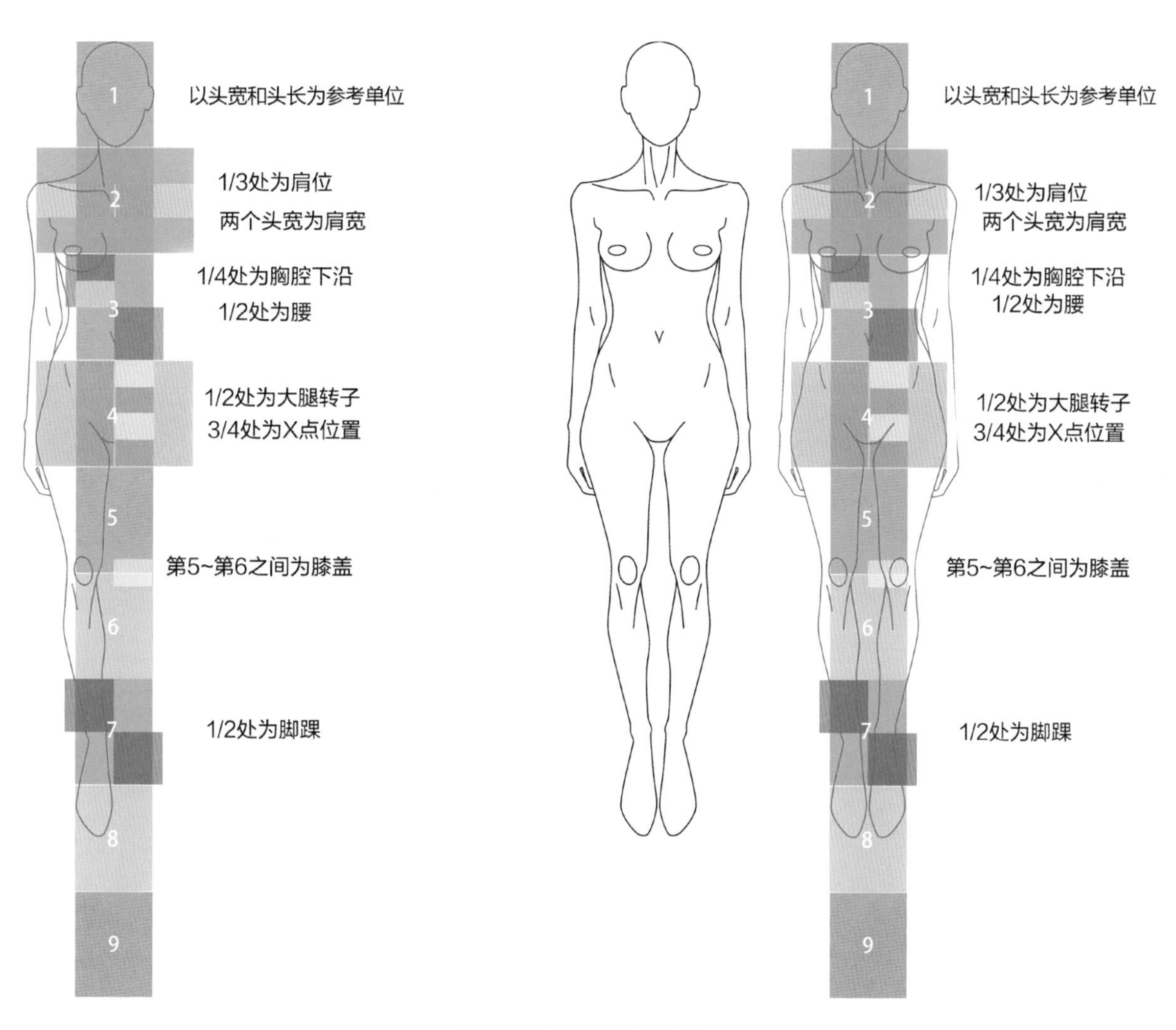


7个半头长的正常人体比例

## 2.1.2 人体动态基础

本书主要以女装的时装画为主，分析好女性人体是女装时装画的基础。女性人体之所以美，除了线条匀称、曲线优美之外，更重要的是女性人体（以下简称“人体”）具有丰富的动态造型。不夸张地说，人体的动态造型已经独立成一种语言，一种更胜于说出口的特殊语言。通过各种变化的肢体造型，给人以丰富的美的体验。

### 1.动态分类

时装画的动态使用，往往也会受到时尚流行的影响。除了款式品类的着装造型的需要外，更重要的是此时的文化氛围对设计及造型文化的影响。20世纪80年代的流行文化非常繁荣，人们满怀激情地投入到这一场现代都市时尚潮流的变革中；反映到时装领域的是更加夸张的服装款式造型设计，对应的是极尽夸张的模特造型，以体现设计师的设计风貌，因而这一时期的时装画的动态也是极其丰富的。

20世纪80年代的时尚造型

进入20世纪90年代后，随着简约风潮的蔓延，模特的着装动态越来越少，甚至以直立动态来展示款式效果，这一趋势波及到设计师的时装画和设计效果图。越来越多的人认为这是一种体现时尚的动态效果，虽然不是唯一，但却是一种普遍的现象。因为无论是奢华装饰还是极简设计，都在引领和附和这样的潮流形式。直立的动态更多体现的是款式的静态着装感觉，而不再突出款式的动态着装效果，因此设计师尽最大的努力把重点更多地放在款式上，减少了对人的过多关注。

随着时代的发展，时尚同样不停地变幻着它的造型风貌，服装的动态人体展示也随着时代的发展而呈现出它那个时代所独有的动态语言，完美体现了当时的时尚流行趋势。

Alexander Wang Spring 2013 collection

常用的时装画动态

常用的时装画动态一般可分为直立动态、初级动态（正面的变化动态和正面直行）、走动动态、高级动态（夸张、侧身动态及其它）。

直立动态　初级动态　走动动态　高级动态

## 2.动态要素

中心线、重心线、动态线、头颈肩的关系、胸腰胯的关系及四肢的运动，这些都是构成人体形态和动态的关键。

重心线从锁骨窝位置开始，垂直于地面。人直立的时候，中心线和重心线是重叠的；只有在躯干产生运动关系的时候，两条线才不重合。下面以“高级动态”为例来说明人体动态的关键要素。

动态幅度较大的造型

头颈肩的关系和胸腰胯的关系在产生动态后，注意颈部和腰部产生了实际变形，而头、胸和胯是不会产生实际变形的，仅仅是由于转身运动而产生透视的视觉变化（透视会在后面的内容中说明）。初学者很容易在画动态的时候误以为应该把头、胸、胯也画变形（不对称），这是错误的，要把透视的视觉变化效果和颈、腰的动态变形明确区别开来。

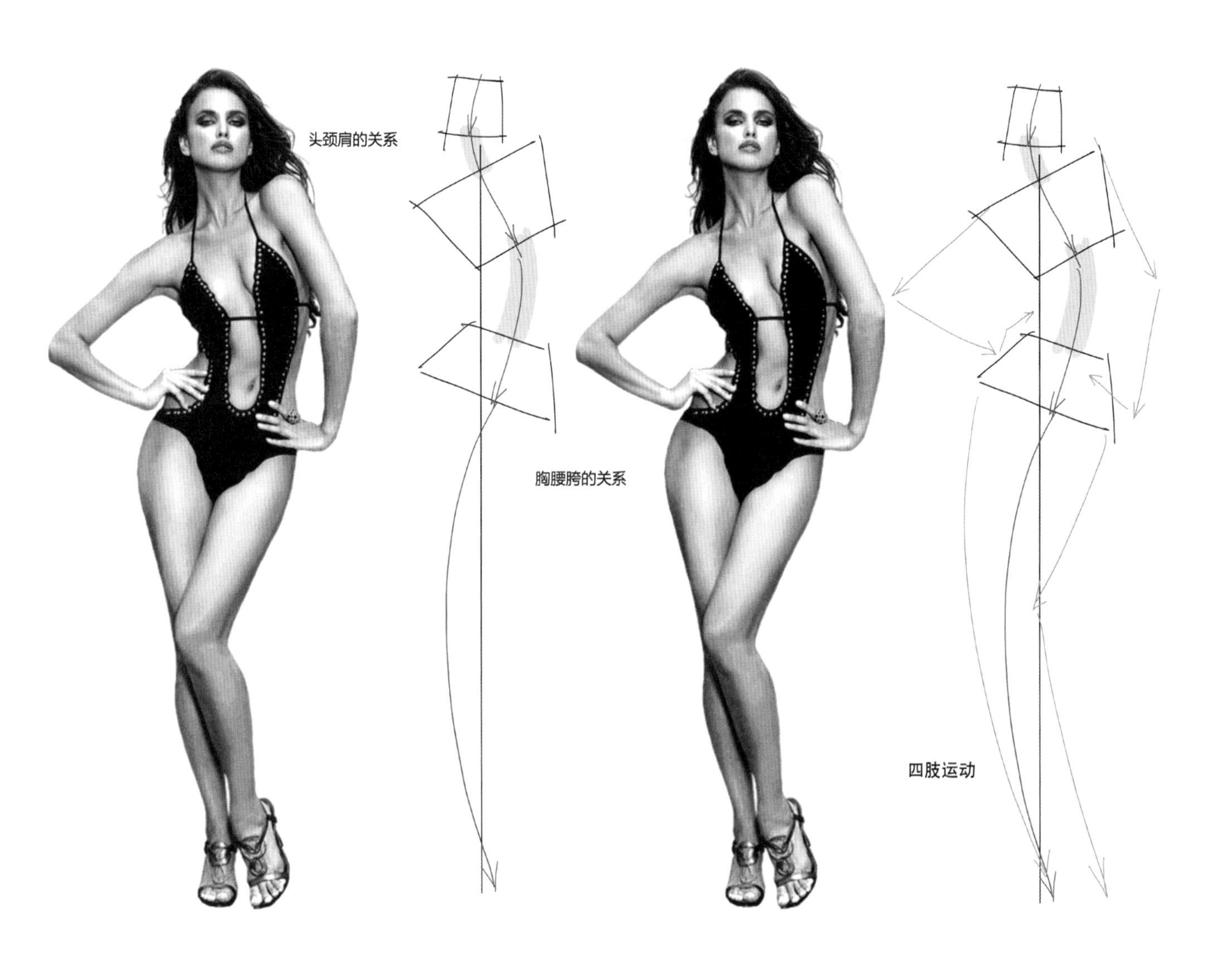

# 2.2 认识人体结构

人体结构是形成外形轮廓的主要因素。了解人体的内在结构，有助于把握人体的外形规律，能够把人体描绘得更加合理、准确。当然，我们在以时装画描绘人体结构的时候，主要偏重于对外形影响最大的一些结构要点来学习，并不需要处处深入了解，在掌握到一定的程度后就可以认清人体的主要规律了。下面就着重学习这些关键的结构要点。

## 2.2.1 骨骼结构形态

对于初学者来说，人体的结构很复杂。但我们可以这样理解，我们所描绘的是我们所关心的，也就是说，并不是对所有的人体结构都进行描绘，可以有所取舍，也可以进行概括认知。

编写本书的一个初衷，是希望时装画爱好者能够突破对人体描绘的恐惧，建立起画好人体的信心。那么究竟应该怎么做呢？我认为可以先把复杂的变为简单的，把枯燥的变为有趣的，只有这样我们才会觉得画人体也是一件很有趣的事，慢慢建立起自信，最后为画好时装画打下良好的基础。

比如胸腔的骨骼，我们没有必要像医师那样去深入了解它的内部构造，甚至对它由几根肋骨组成都可以省略。只要把整个胸腔看成一个整体，那它就简单多了。而其他部位也可以用同样的方法进行理解。对于复杂的形，概括它、简化它。只保留它的主要特征，一些附着于上面的各种细微变化可以视而不见。当我们把人体的每一个主要的关节部位都进行了这样的观察认知之后，我们就可以尽快地抓住重点，明确地获得人体的描绘要点。只有这样，才能事半功倍地掌握好人体的描绘方法。关于人体概括、简化后的效果，参看“人体骨骼概貌”图。

如果初学者觉得简化后的骨骼在整体上还是不易理解，还想进一步简化，那么建议把人体趣味化。比如用木瓜来代表人的头部，用蝴蝶代表人体的胯部等，这样既利于记忆、展开联想，也利于迅速抓住特征要点来观察、理解人体骨骼，参看“人体骨骼象形”图。

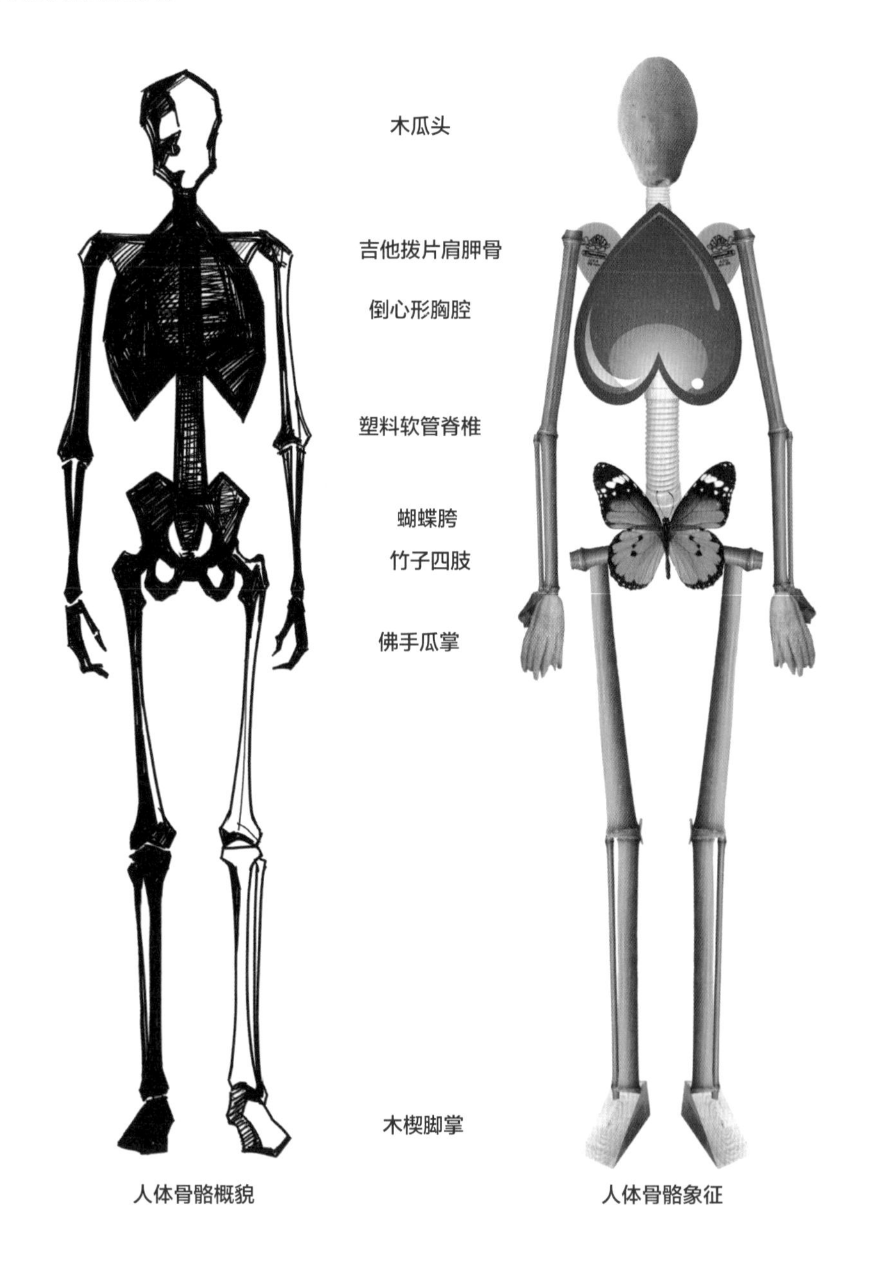


人体骨骼概貌　　人体骨骼象征

## 2.2.2 人体外形特征

骨骼是支撑人体外形的内在构造；附着于骨骼表层的是肌肉、皮脂皮肤和毛发。肌肉、皮脂皮肤和毛发是形成外形的关键因素，我们常常感受到的人体就是这些因素综合起来所带给我们的视觉及触觉感受。因此，我们在绘制时装画的时候，往往就是抓住这些因素的特征来表达的。在初学认知这些关键因素的时候，可以把它们拆分开来逐渐熟知。这样，对于初学者来说，一个复杂的人体就能更加简单明了了。当然，我们需要清楚的是这只是为了逐个认知罢了，它们之间可都是相互关联的！并且正如前面所强调的那样，是按一定的比例关系进行“组合”关联的。

下面来感受一下整体外形及各个“部件”常用形态的外形特征。为了不影响我们对外形的观察，可以选择观察人体的剪影，这样能够让我们更快地概括和专注于这些特征。请务必记住这些外形特征，并将它们应用到时装画的绘制中！

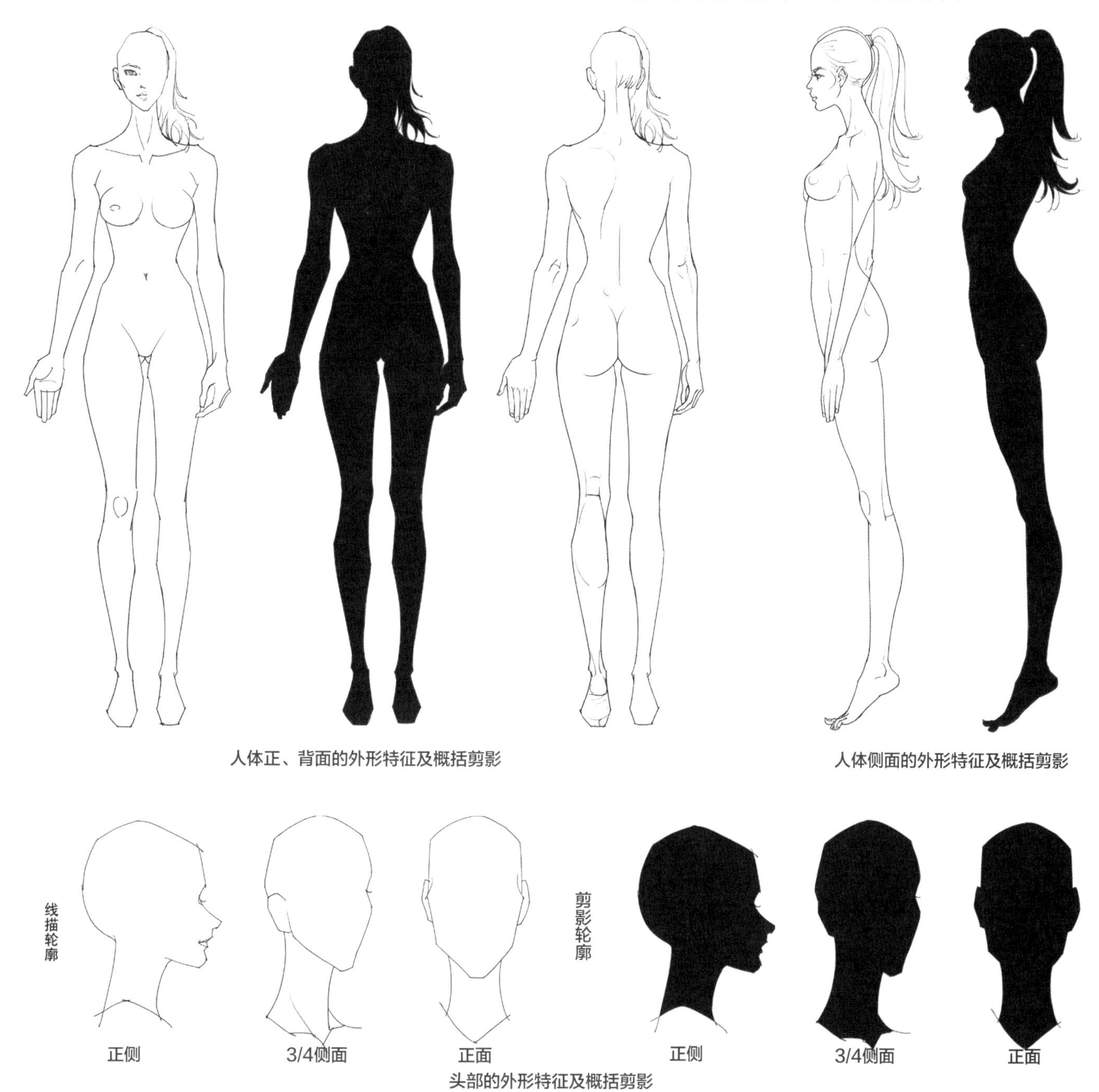


人体正、背面的外形特征及概括剪影

人体侧面的外形特征及概括剪影

头部的外形特征及概括剪影

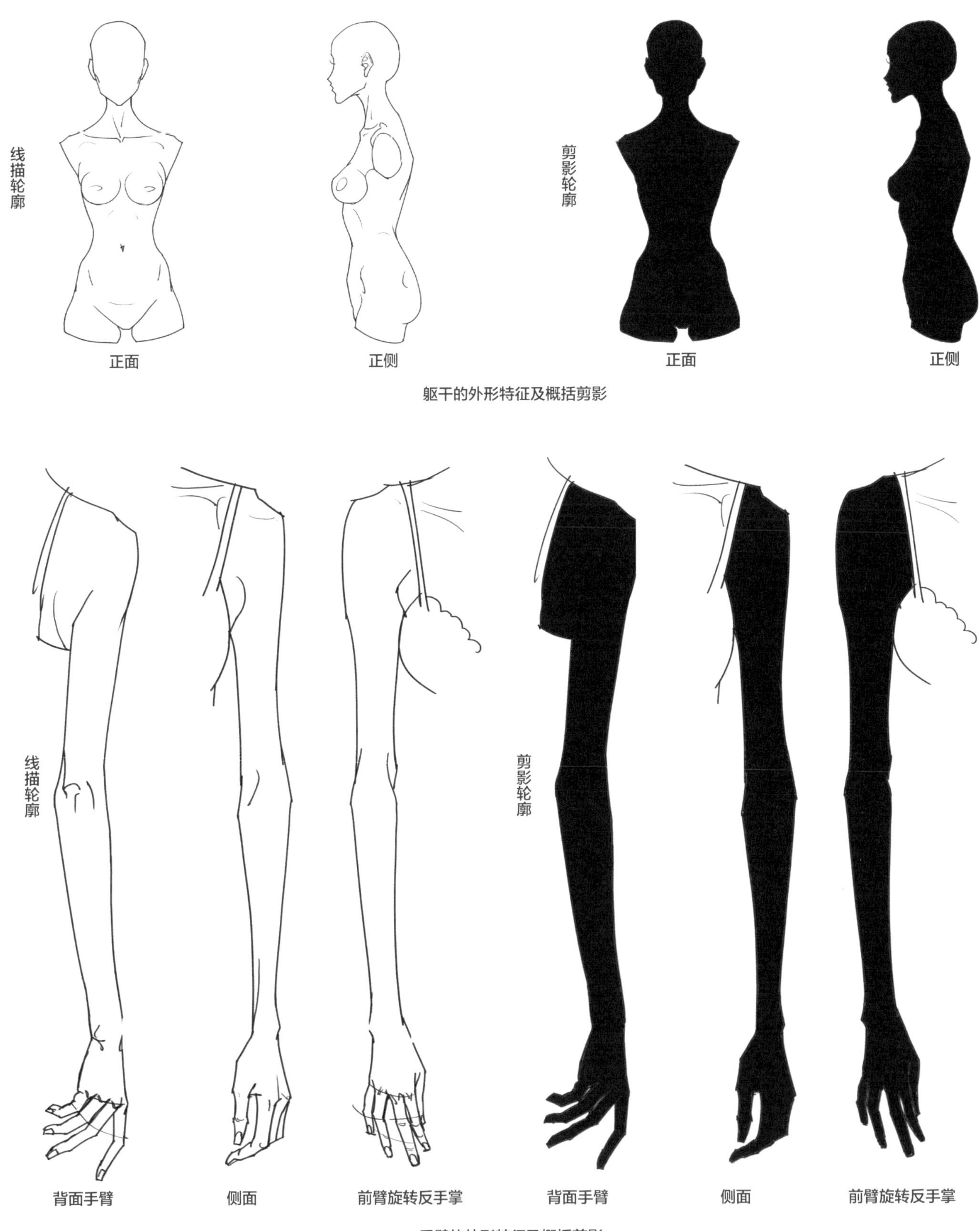


躯干的外形特征及概括剪影



手臂的外形特征及概括剪影

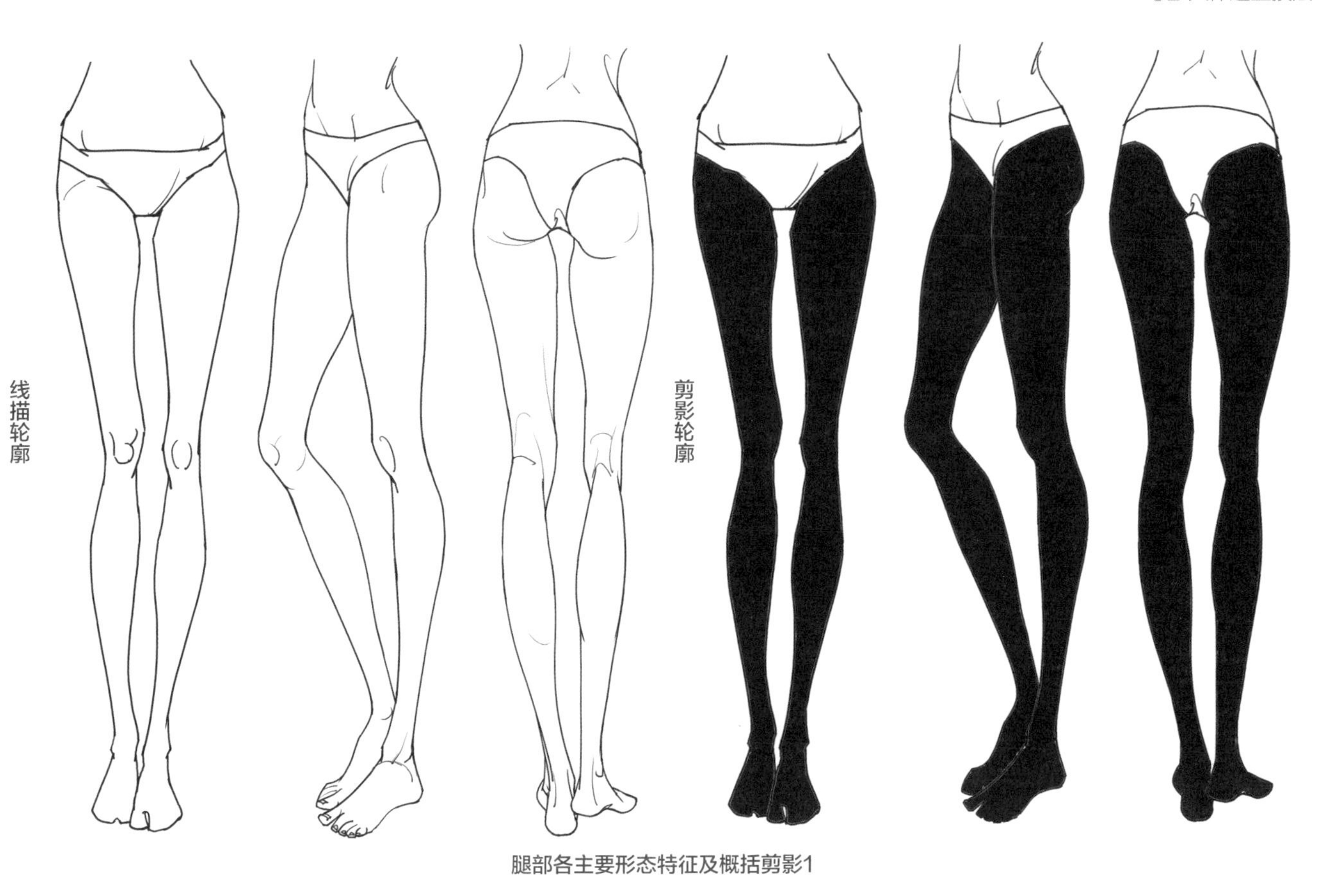


腿部各主要形态特征及概括剪影1

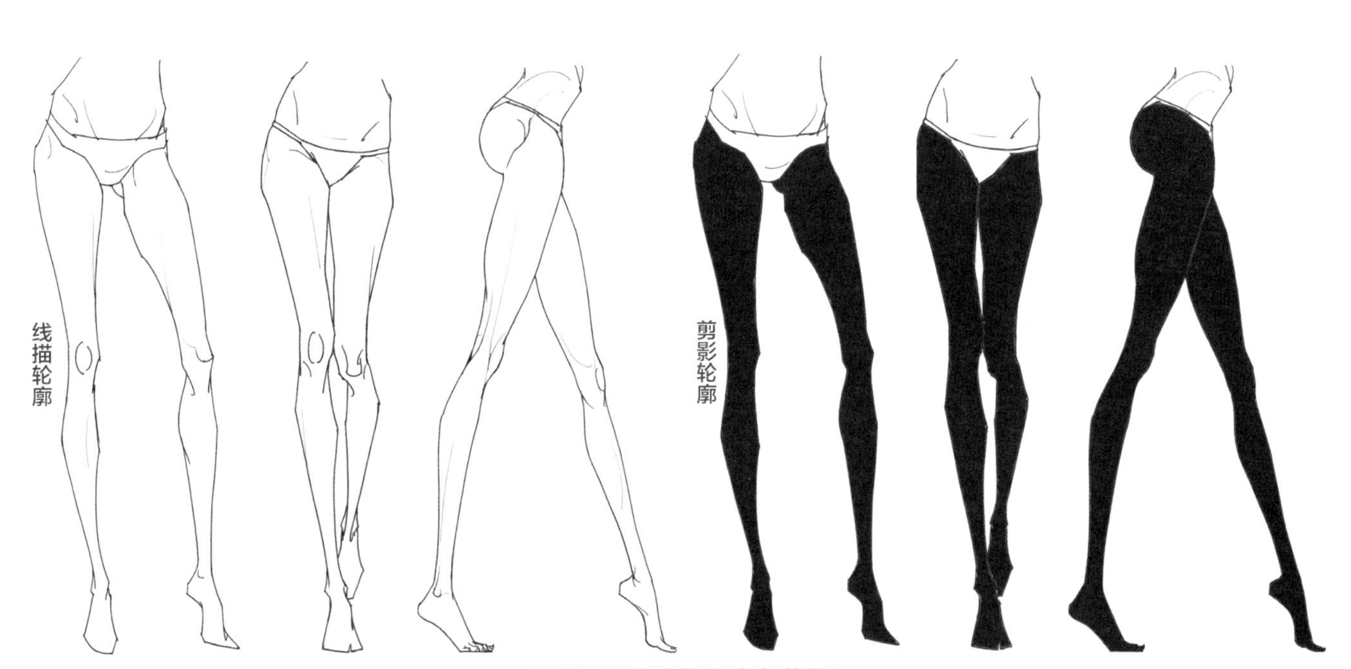


腿部各主要形态特征及概括剪影2

# 2.3 人体局部表现

## 2.3.1 五官描绘

五官是人体最为丰富的情感表达器官，同时也是判断是否能够最快让人产生好感的重要部位。一个五官长得标致的人，的确能够迅速获得别人的好感，同理，描绘好五官也是时装画获得观者好感的一个秘诀！好的五官，指的是在头部中各自的比例非常协调且自然地处在头部的恰当位置。在时装画的表现中，对于五官的习惯描绘方法是尽量简洁、尽量概括。

下面一起来学习五官的画法吧！

### 1.眼睛的画法

眼睛在时装画的头部表现中位置突出，就算其他五官不画，仅画好一双眼睛也能表达好人物的情感。在进行眼睛的概括描绘之前，应该先认真观察眼睛的外形特征，然后进行素描练习，并从练习中去认识眼睛的特点及结构关系。

大眼睛，深色眼珠

细长眼睛，浅色眼珠

通过观察和绘画练习，可以了解到眼睛处在头骨的眼眶位置，呈球状；上下眼皮形成鱼状——内眼角为“鱼头”，中部为“鱼腹”，眼尾为“鱼尾”；透出的眼珠在一般情况下被眼皮盖住1/3。注意，整个眼睛是呈半球形的，很多初学者容易将其画成平面的，这样的眼睛是不会有立体感的。另外，上下眼皮是有厚度的，画的时候可以适当夸张一些，这样有利于效果的表现。当光线照到人的头部时，有厚度的上眼皮会遮住一些光线，在眼球上形成一条弧形的阴影，这时眼珠上会有高光白点，由于眼珠是透明的，高光点透出的瞳孔位置就会亮一些。把握好这个关系眼珠就会画得有神且晶莹剔透。

下面的范例是时装画中眼睛的几种常见状态的效果。

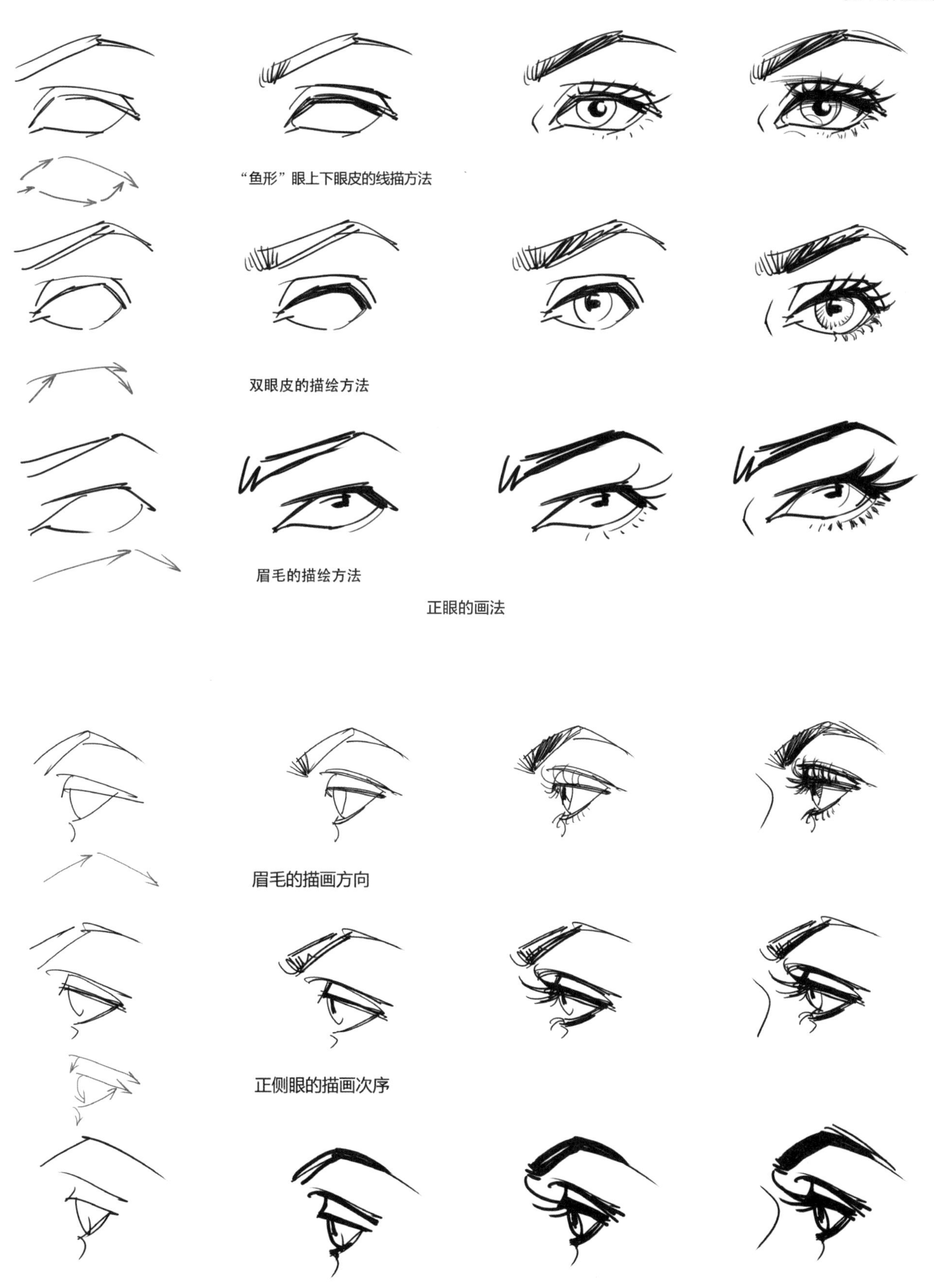


正眼的画法



正侧眼的画法

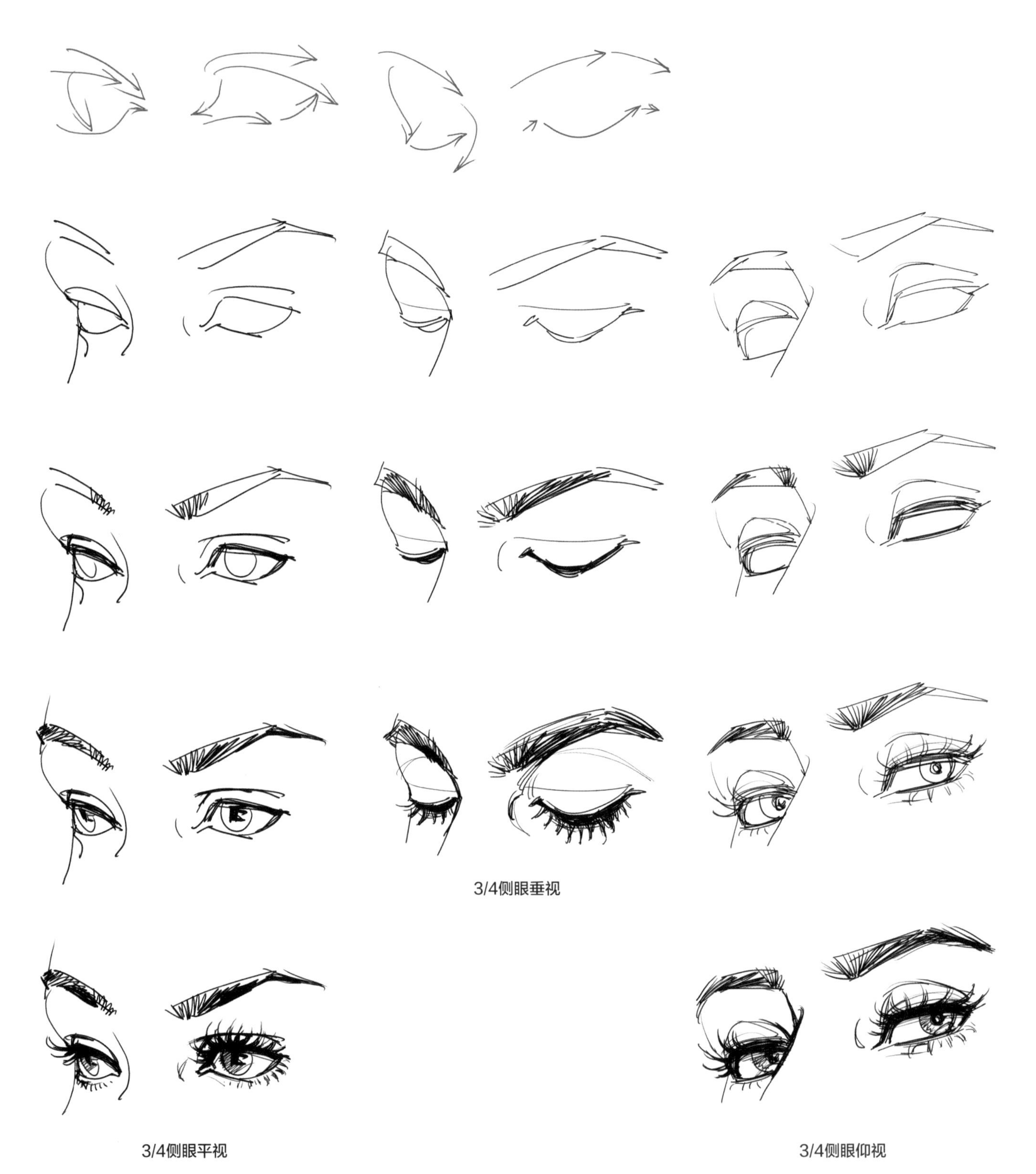

3/4侧眼垂视

3/4侧眼平视

3/4侧眼仰视

3/4侧眼的描画次序

## 2.鼻子的画法

鼻子的描绘在时装画中的重要性并不明显，特别是画正面的模特，鼻子常常会被忽略。只有在画正侧面的时候，鼻子才能够明显地看到，也就是说鼻子常常是在正侧脸时才被画到。

在鼻子的构造中，被描绘最多的是鼻尖、鼻孔和鼻翼，甚至有时在时装画中往往只要表达好鼻孔或鼻尖就足够了。不过需要提醒的是，鼻根是和眼睛相关联的，鼻下的唇裂是和唇相关联的。

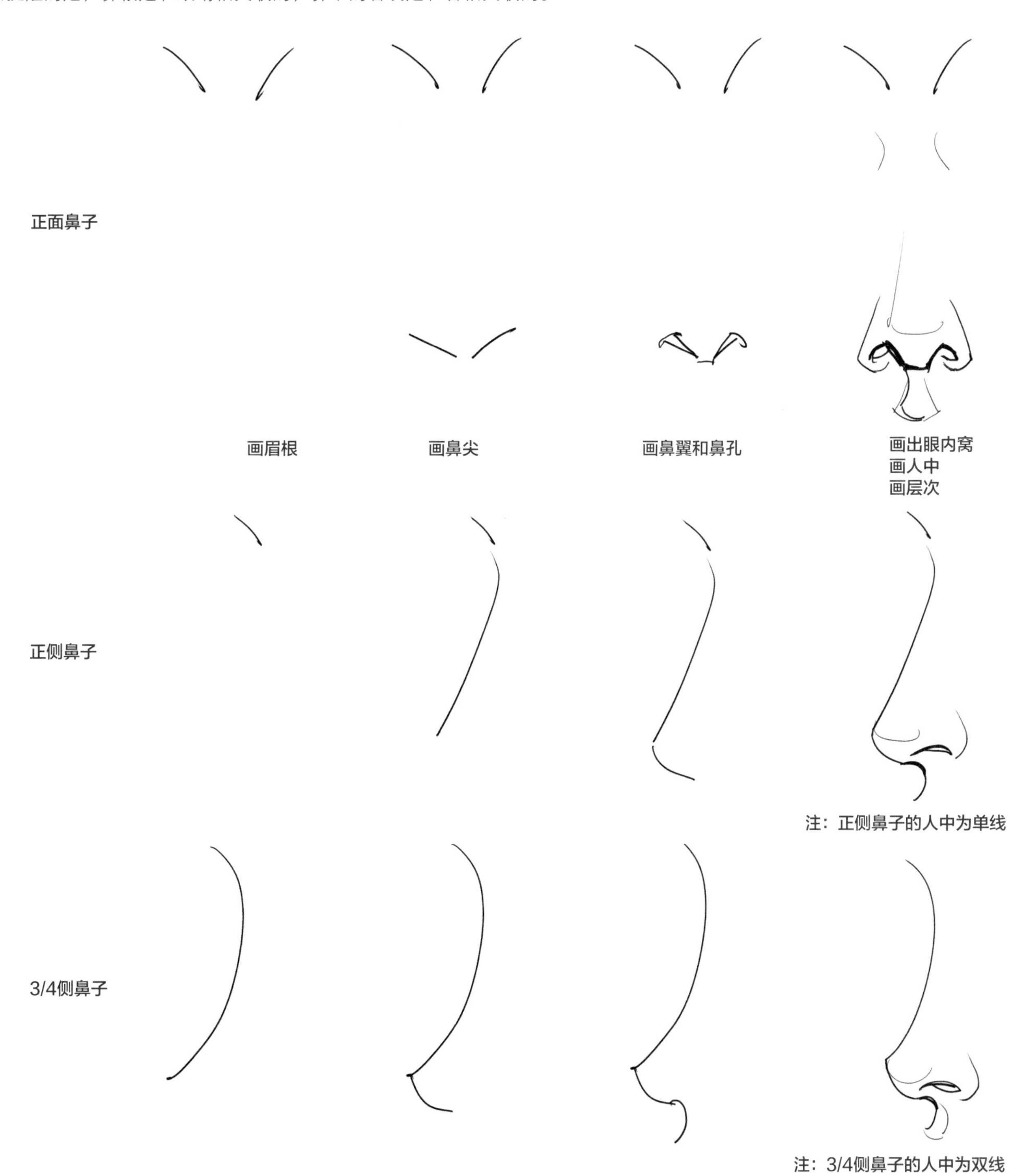


鼻子的描绘

## 3.嘴巴的画法

画嘴巴是时装画的一个最大的特点。我们发现，只画一张嘴而其他的五官不画，省略掉的细节对于时装画来说一点影响都没有，反而还更有特色。画嘴的关键是先把上下唇的唇裂线画出来，然后再画出上下唇。有时候后期是需要上色的，那么上下唇都不需要画，只需画好唇裂线就可以了。

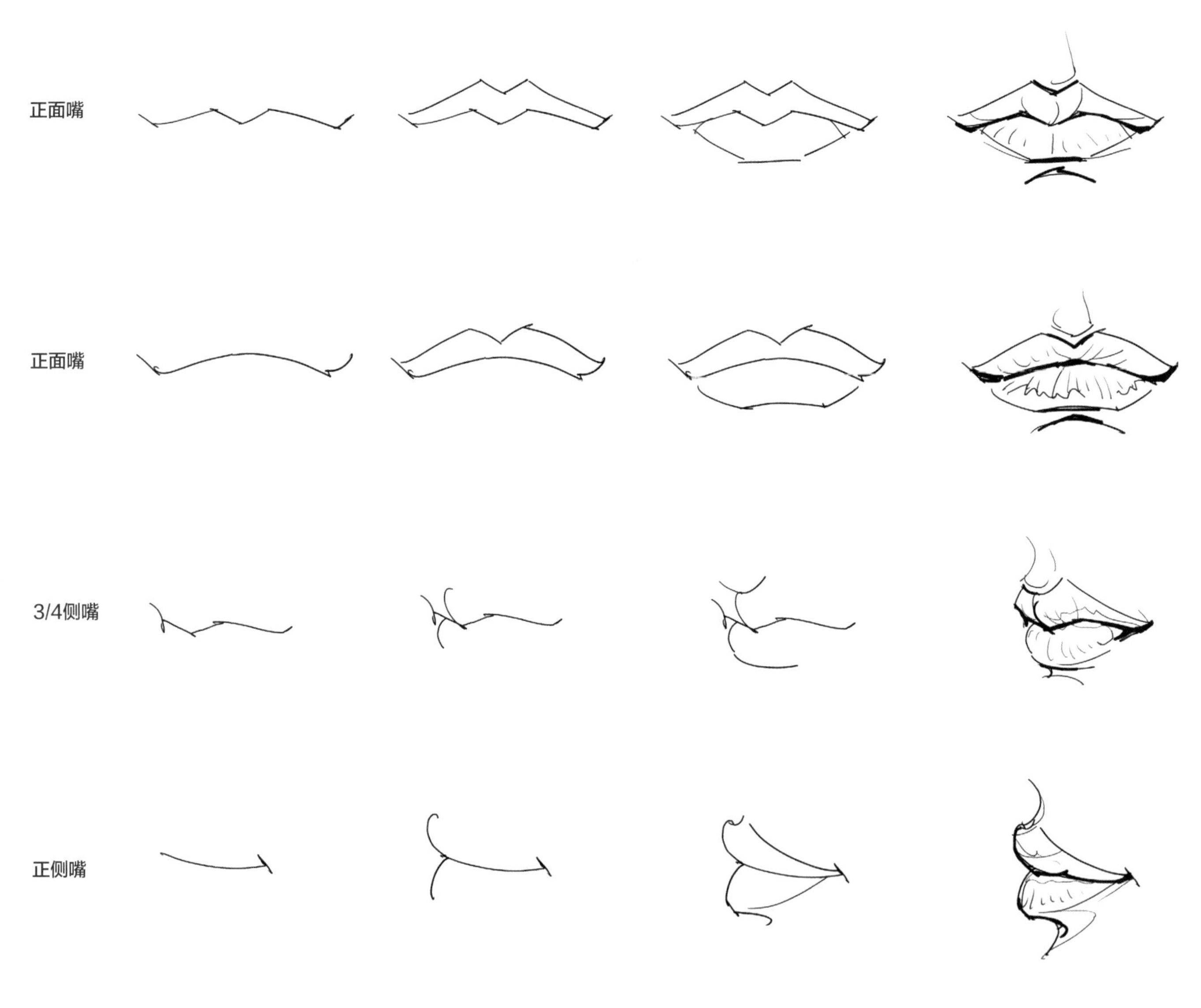


嘴巴的描绘

## 4.耳朵的画法

在时装画的描绘中，耳朵并不重要，很多时候都是画一个接近半圆的形状来表示耳朵。当然，还有一个原因是耳朵常常被头发挡住，想画也没有机会。描绘耳朵，关键就是它的外形轮廓，里面的结构简单概括即可，常画的部位有耳廓和耳垂。但对于喜欢画时尚插画的人来说，画好耳朵还是有必要的。

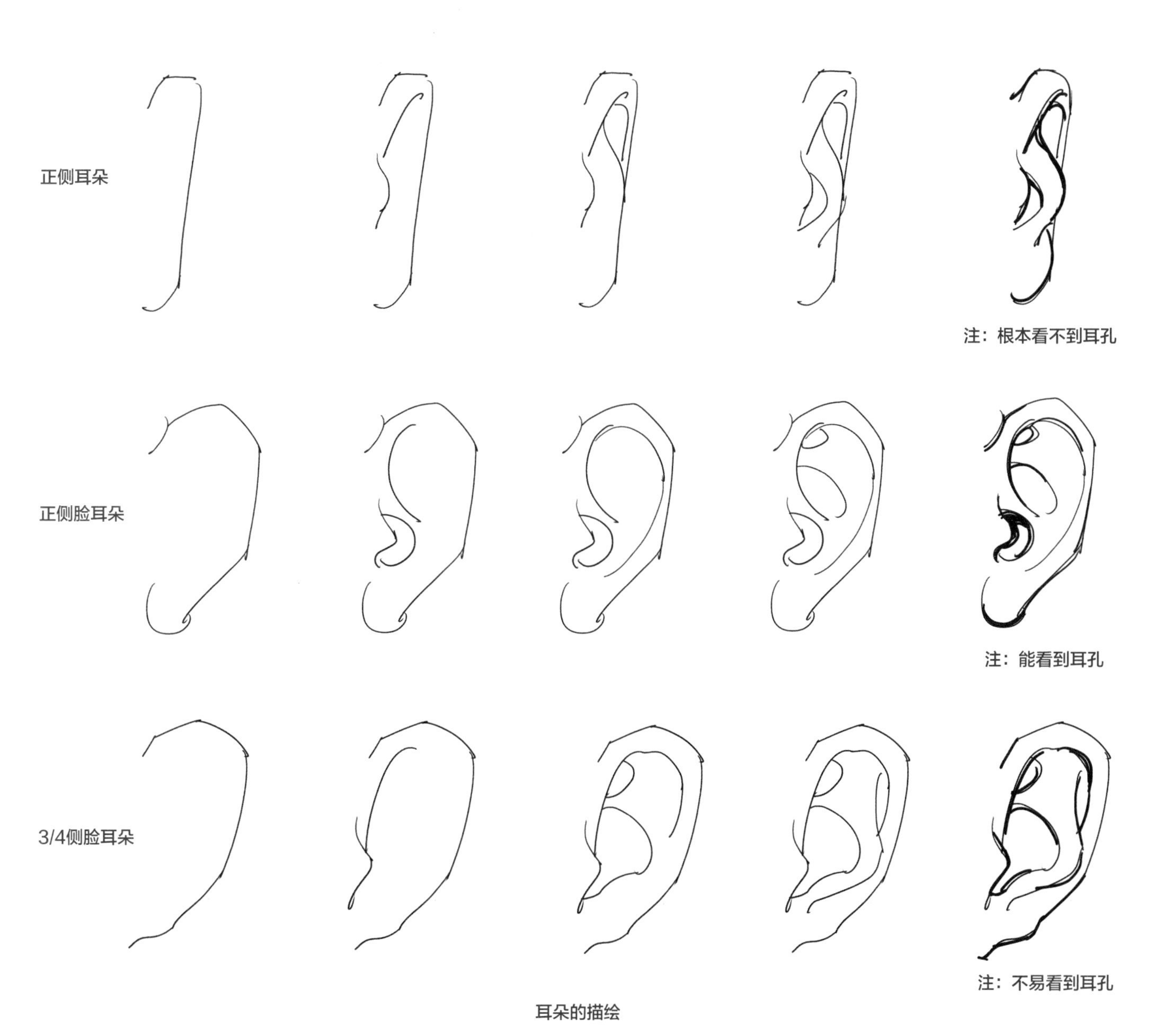


耳朵的描绘

## 2.3.2 头发描绘

初学者对于画头发感到发怵，这已经是众所周知的事，很多时候一看到头发就直接照着画，一根一根地努力耕耘，但结果却很不理想，画得很生硬、死板、了无生气。其实，相对于五官而言头发在时装画和效果图里的位置还是很重要的。画好头发或者说画好发型，对画面的完整效果能起到意想不到的效果。

画好头发的关键是要抓住整个发型的外轮廓，不要被那些头发丝给迷惑了！定好大的轮廓之后，要有意识地分出上、下、左、右的转折关系和明暗关系，还要学会给头发分组，把头发当做块面来画。在结束的时候，画几根头发丝表示一下就可以了。

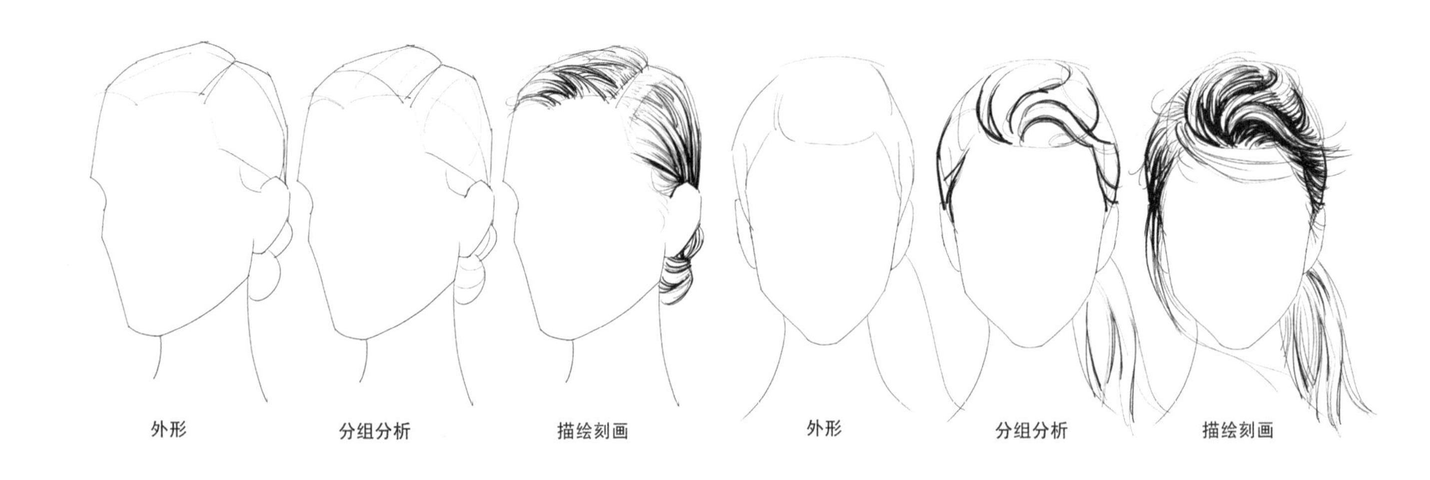

# 2.3.3 头部的整体描绘

## 1.头部的结构和比例

头部对于人体来说，是一个很重要的部位。不过相对于服装设计师来说，它就没那么重要了。然而我们换个角度来看，头部也是有它极其特殊的作用和效果的。一个优秀的设计师，除了专注服装以外，也会对和服装相关的服饰非常关注。在现代社会，服饰的整体感影响到着装的风格和个人的形象气质。因此，在学习阶段对于头部的研究学习还是很有必要的。另外，作为时装画来说，头部也是人物情感的一个重要视觉部位，漂亮或者有特色、个性化的面部刻画能够为时装画加分，能够更加感染受众。而对于在工作中的设计师而言，轻描淡写地描绘头部及五官是完全可以的，这使得设计师可以更投入服装的创作设计中，这也是时装画到效果图阶段的一些不同之处。

头部是人物表情最为丰富的部位，同样也能在时装画中起到画龙点睛的作用。在进行头部描绘的时候，对头骨的认知就很有必要了。头部是人体的一个固定要素，不会轻易产生变形，头骨在这里起到了主要的作用。

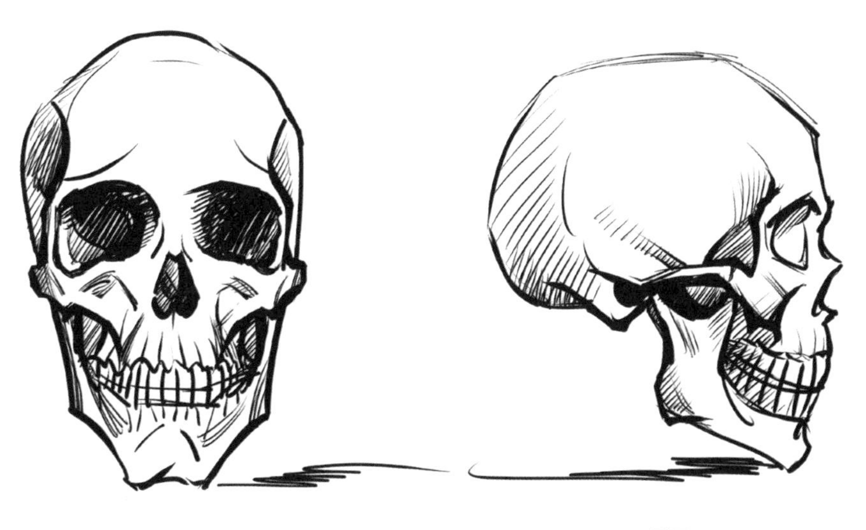

正面　　正侧面

通过对五官的描绘认知，我们能够逐渐掌握好每一个部位的描绘效果，这为画好一个完整的头部打下了良好的基础。但是，能够画出一双漂亮的眼睛，就能够展现出一个美丽的头部吗？这未免太乐观了。那么要画好头部，还需要什么条件呢？前面我们了解到，人体的美感是建立在舒适的比例之上的，头部也同样存在着比例产生的美感。

头部包括五官的比例描绘，我们会有一个较为通用的审美比例——三庭五眼。

在三庭五眼的比例关系下，每个局部的微小变化就形成了每个人各自不同特色的美。

除了五官的位置外，对头部起伏形态的认知也有助于绘画效果的把握。人的头部是圆柱形，有上下左右及前后等不同方位的面，每个面都会有各自不同的形态。在这些不同的位置，描画的线、色彩以及受到其他光线的影响也各不相同，对头部的描绘也会产生很大的影响。

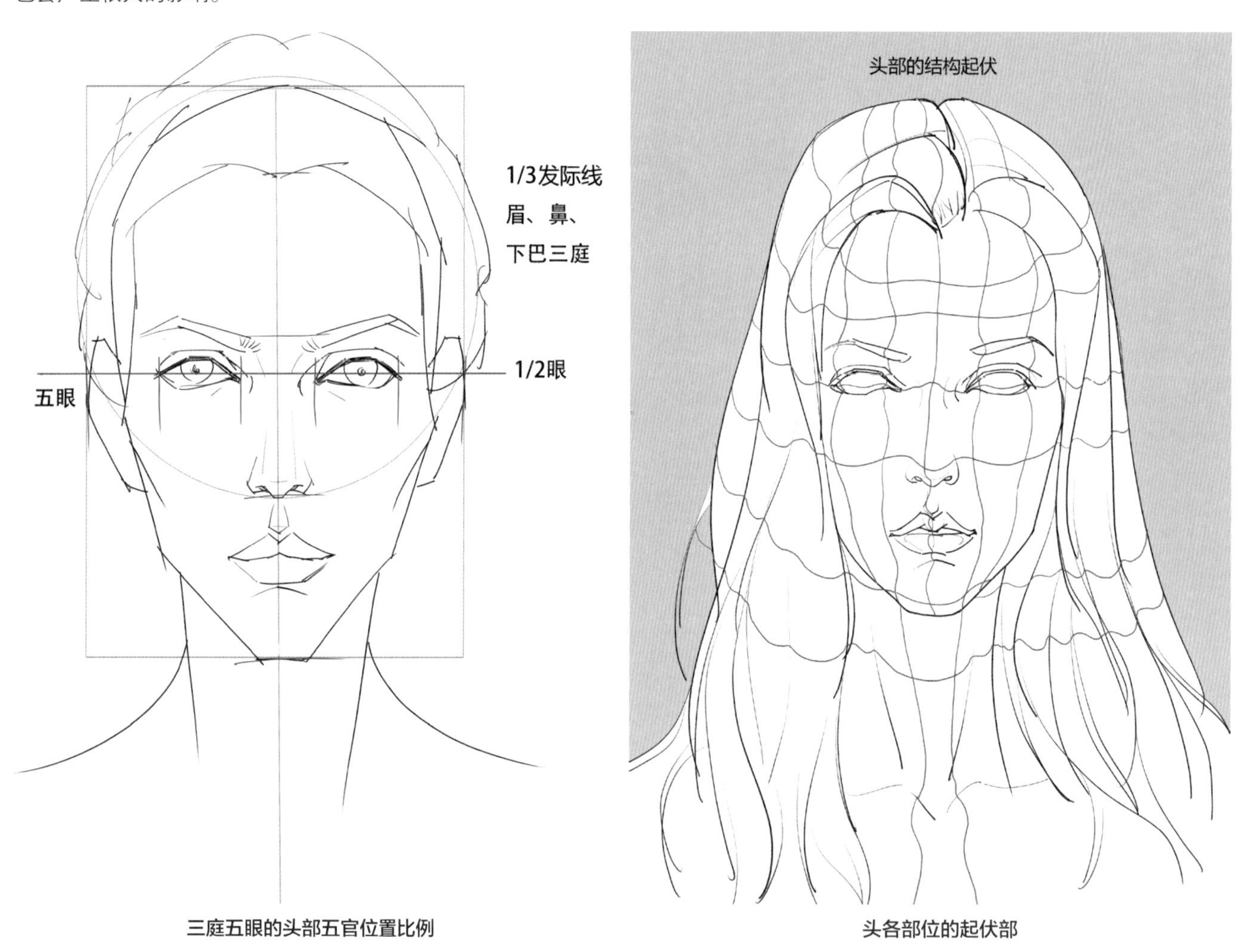


三庭五眼的头部五官位置比例

头各部位的起伏部

## 2.头部的实例绘制

有了比例位置和结构起伏的认知后，就可以进行头部的完整描绘了。当然，在描绘的时候同样遵循概括的原则。作为时装画的描绘效果，更希望看到的是简练而肯定的画面感觉。干脆利落的造型、明确的色彩表现、简洁肯定的线条都会对画面的效果起到关键性的作用。

（1）正面欧美人头部画法

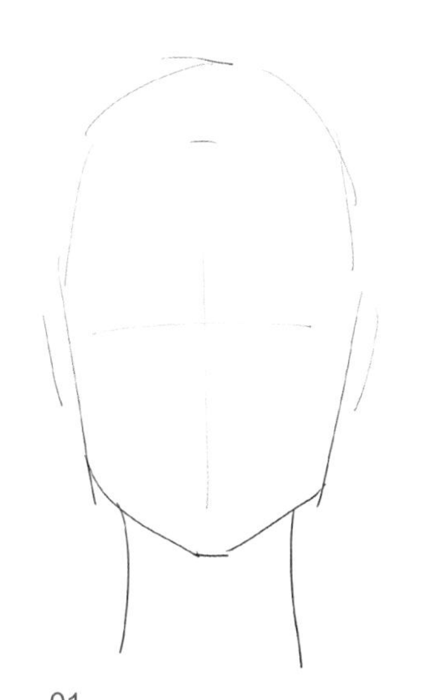

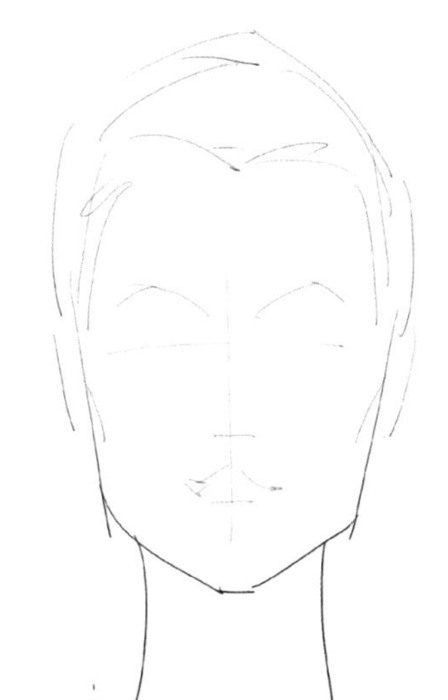

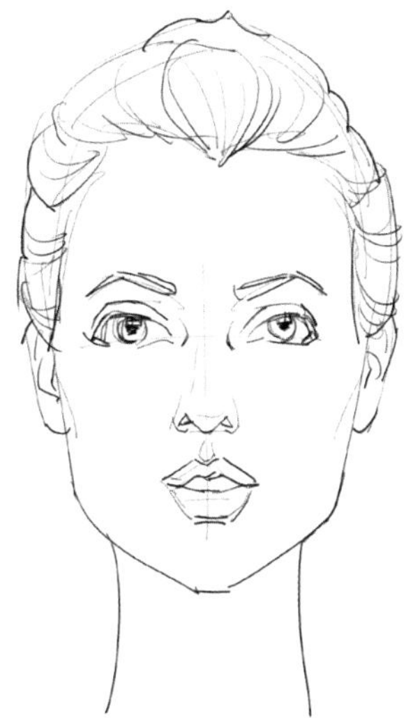

01
STEP

用长线轻轻画出基本大形，然后标出发际线、眼睛、耳朵以及中心线的基本位置。

02
STEP

简单勾画出左右对称的发型轮廓和五官位置。

03
STEP

画出五官大效果（注意西方人特有的欧式双眼皮），并将发型分组描绘。

04
STEP

继续深入刻画，适当地描绘出层次和氛围并结束。

（2）3/4侧面非洲人头部画法

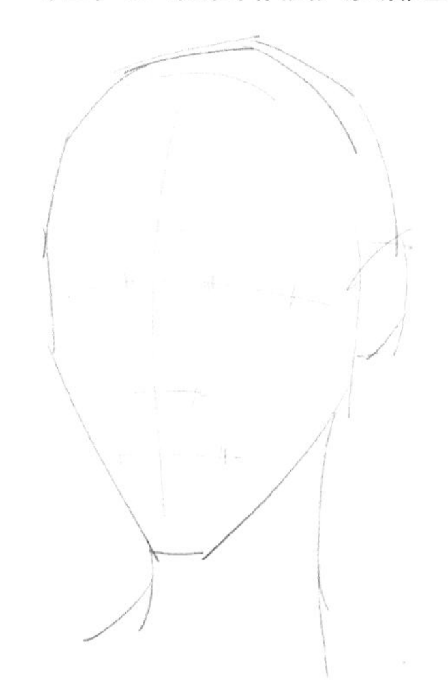

01
STEP

用长线条轻轻地画出基本轮廓，然后标出发际线、眼睛、耳朵以及中心线的基本位置。注意此时的中心线已不是直线。

02
STEP

简单勾画出发型轮廓和五官位置。注意由于转动已产生了近大远小的透视现象。

03
STEP

画出五官大效果（注意非洲人的特征是嘴唇厚、眼睛大），左、右眼睛的大小已完全不一样。然后将发型分组描绘。

04
STEP

继续深入刻画，适当地描绘出层次和氛围并结束。

### （3）正侧面亚洲人头部画法

01 STEP
用长线条轻轻画出基本大形，然后标出发际线、眼睛、鼻子以及耳朵的基本位置。头部中心线已变成关键的轮廓线。

02 STEP
简单勾画出发型轮廓和五官位置，注意五官只有一半。

03 STEP
画出五官大效果（亚洲人的五官相对柔和，对比不太强烈），然后将发型分组描绘。

04 STEP
继续深入刻画，适当地描绘出层次和氛围并结束。

## 3.头部的透视表现

除了常画的正面、正侧面、3/4侧面头部以外，还有些造型的头部表现的是低头、仰头等效果，在这样的头部动态中会产生一定的透视效果，绘画的时候一定要注意，否则效果就不会自然、合理。

3/4侧脸

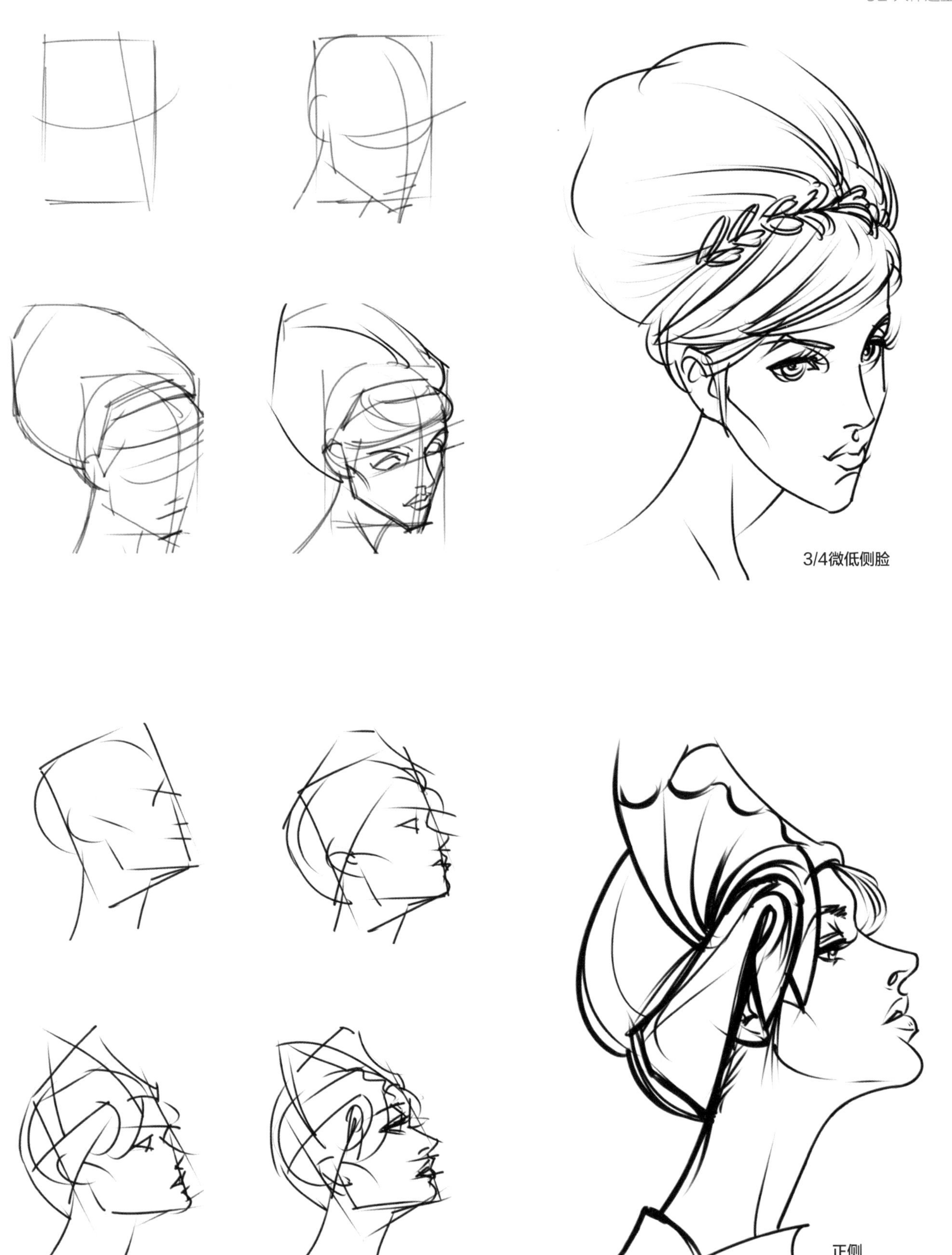

3/4微低侧脸

正侧

抬头

## 2.3.4 胸腔和腰胯的描绘技法

人体产生的动态效果和形态变化往往都是由胸、腰、胯为先导产生的，这3个部位简称躯干，是人体的要素部位。躯干作为人体最大的体积以及性别形态最明显的部位，在描绘中有着非常关键的作用。掌握和描绘好躯干是画好时装画的关键。

胸腔和胯主宰了人体动态的关键

## 1.基本的结构和形态

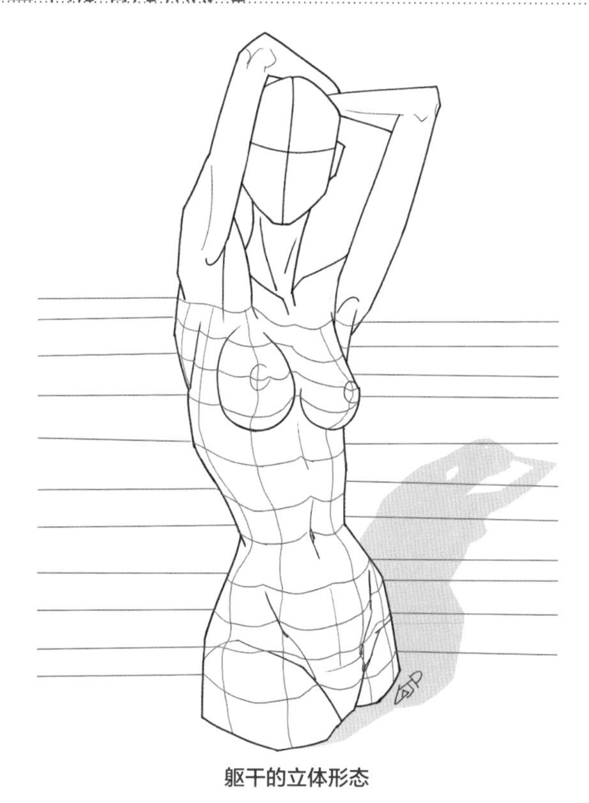

躯干的立体形态

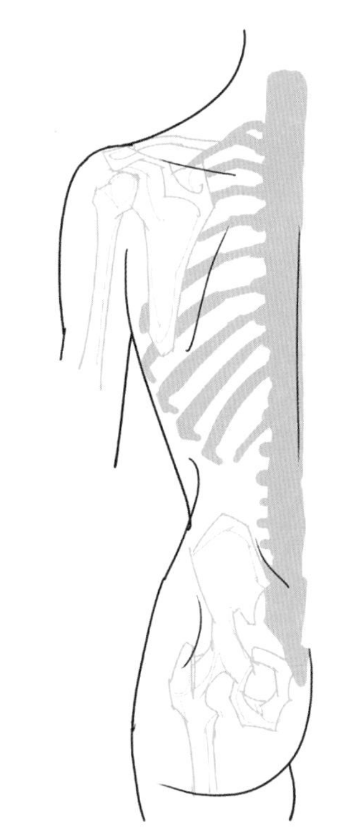

躯干背面结构及形态

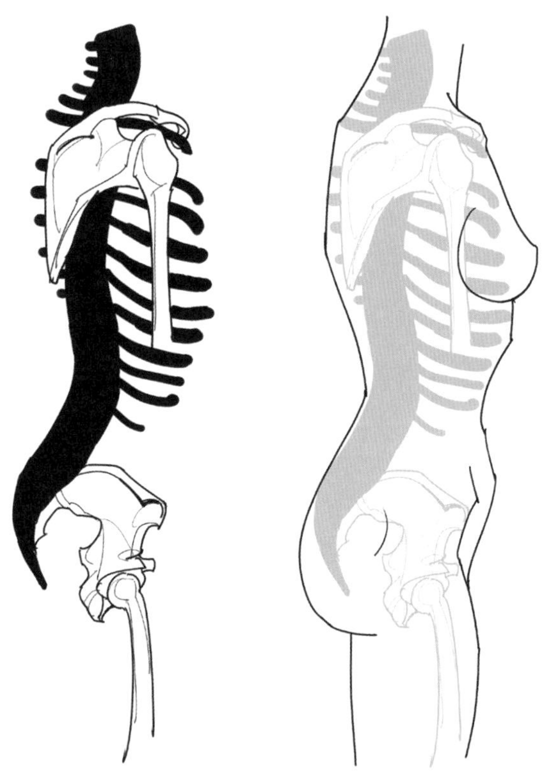

躯干侧面结构及形态

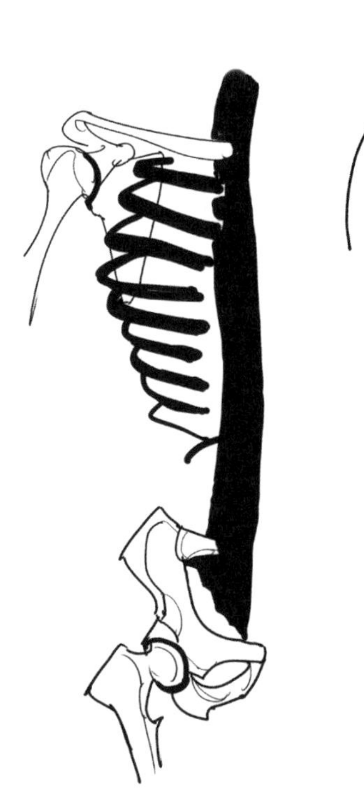

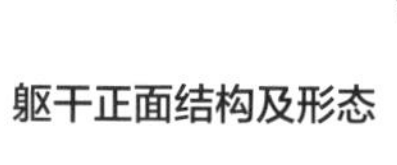

躯干正面结构及形态

## 2.相互关系及动态规律

躯干的胸腔、腰和胯之间相互影响，但各自的造型形成人体躯干丰富的动态效果。胸胯之间的纽带为腰，胸和胯本身犹如一个固体，无论如何运动均不会改变其实际的造型，虽然也会有小小的肌肉和皮肤的变化，但骨骼是其根本。骨骼依然、外观不变是胸腔和胯的运动特征。而腰就不同，随着胸腔和胯这两大体块的不同运动，腰的外形会产生很大的变化，当左右运动时腰的长度会变，当前后运动时腰椎和腹腔会变。

下图是在画时装画时经常会遇到的一些动态和位置的变化，大家可以从这些图中感受一下躯干各体块的运动和位置效果，从而掌握好躯干的造型规律。

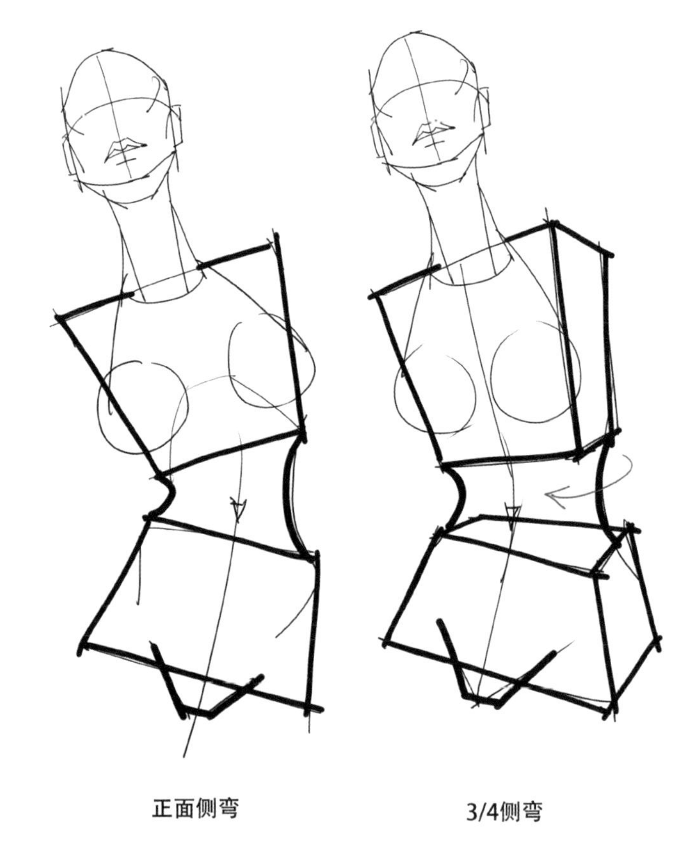

正面侧弯　　3/4侧弯

正面和3/4侧面的躯干动态

正面侧弯和3/4侧弯表面上看起来没有什么区别，实际上完全不同。正面采用左右对称的方法画就可以了，但3/4侧面在画的时候胸部左右不一定都在胸腔里，有里外的区别。并且，仔细观察的话还会发现腰部的外轮廓线在3/4的侧面里，挤压的腰部轮廓线是腹部，而伸展开来的另一边腰部的外轮廓线却是后腰的轮廓线，这和正面左右对称的侧腰线是根本不同的。

胯正面、上身左右3/4侧弯　　胯正面、上身左右侧弯

常用的正面胯与胸腔运动的效果

在时装画里，胯不动、上身侧转或侧弯是常有的造型，掌握好这样的造型规律对画好时装画有很大的帮助。通过这些图示我们可以认真领会和对比下这些微妙的变化。

为了表现好服装的侧面设计效果，3/4的侧体造型也是设计师常使用的动态，这里的图示展示了3/4侧体和背侧的动态效果。注意胸胯的运动方向不同，这是描画此类动态时需要多加注意的关键地方。另外，3/4侧体的肩部、腰部、胸部和胯部是不对称的不同部位的细节体现，相比对称来画的动态，这样的特点是不大容易掌握的。但只要有心，多观察理解，想画好也不是难事。

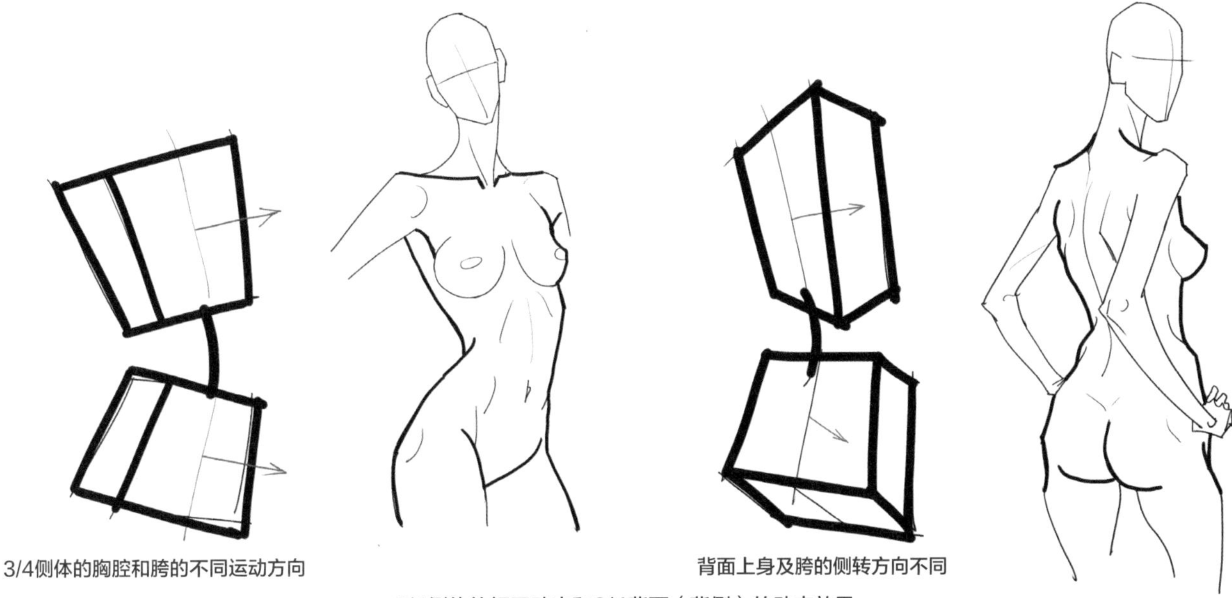


3/4侧体的躯干动态和3/4背面（背侧）的动态效果

## 3.三大块的透视现象

对于初学者来讲，躯干的正面效果在画的时候比较容易掌握。但一遇到非对称动态的时候，画起来就容易犯愁了。为何会有这样的困扰呢？其实这就是透视在作祟！

很多时候大家的理解是画大场景、画建筑时才会讲究透视，时装画用不上。其实不然，当在画到动态的时候，只要是肢体、躯干产生了运动，透视就会伴随着出现。

在时装画中，常用的有一点透视和两点透视。一点透视在时装画的人体绘画中虽然无处不在，但对于要求不高的时装画来说是可以忽略的。如果需要表现3/4侧面的时装画效果，两点透视就必不可少。所以适当掌握好一些透视规律，对于时装画还是有好处的。

为了感受到躯干的透视效果，还是先把躯干的胸腔和胯当做基本的几何形体，从以下一些图示中学习和体会这一透视现象。

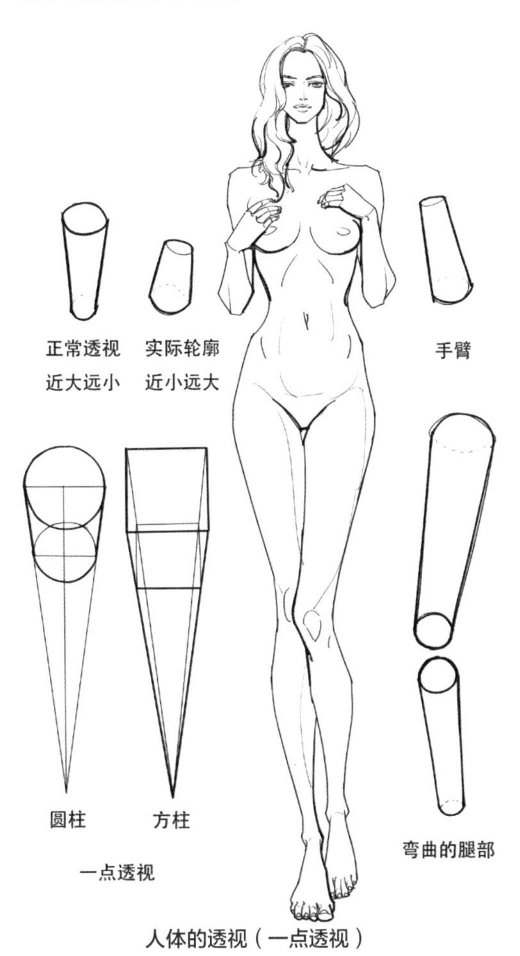


人体的透视（一点透视）

躯干的一点透视相当于正面的人体效果，躯干本身并没有让人感到有什么明显的透视变化。不过当肢体产生运动的时候，一点透视随即产生。比如抬头、手臂前伸、腿部向前弯曲等，都是一点透视的表现。不过需要注意的是，人体各部位的细节并非如圆柱体那样一般粗细，而是大小各异。因此在动态变化产生一点透视时，一般都是近大远小的效果；如果本身物体的前端就很小，末端较大，那么很多时候还是应该保持近小远大的效果。我们在画的时候，只要有意识地明确它是一点透视的规律就好了，更多的还是凭感觉来处理，切记不能机械地画！

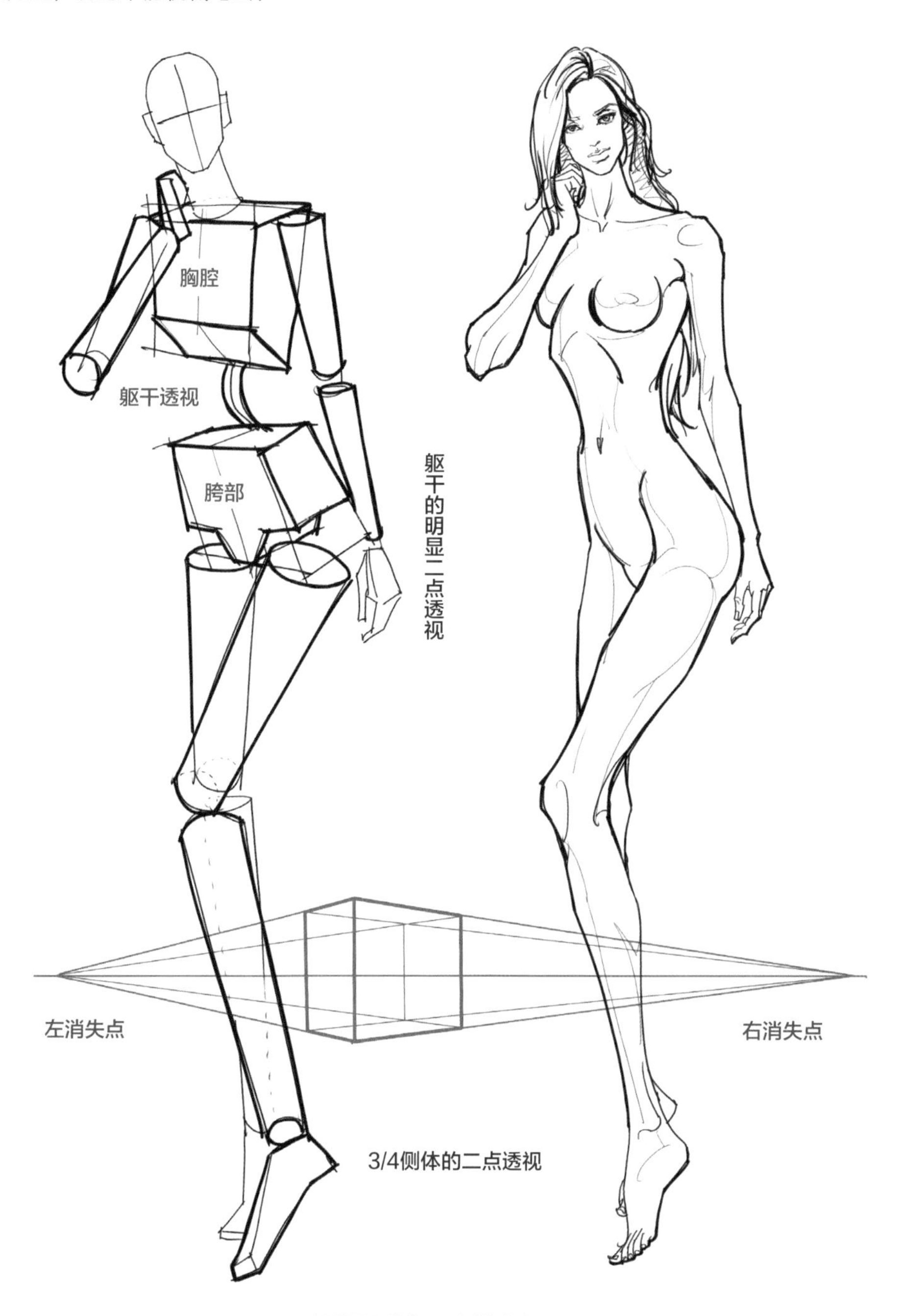


两点透视通常在3/4侧体中很明显

虽说只要有动态就必然存在着透视关系，但作为时装画来说，除非款式表达的需要或是做为插画形式来有意描绘，否则很少有设计师去触碰有透视现象的动态，毕竟体现款式是关键。但是通过描绘有透视的人体动态，有利于进一步认识人体的运动关系，对将来服装着装状态的表现还是有帮助的。

## 4.躯干描绘实例表现

01 STEP　画出重心线，然后画出动态中心线（实际人体的中心位置连线），定出肩斜线和胯斜线。

02 STEP　大概画出胸腔和胯的位置后，再将外轮廓线、关键部位基本描绘出来。

03 STEP　描绘好躯干各主要部位的细节，即锁骨、肩部、腋窝、胸、肚脐眼和X点。

04 STEP　深入描绘，完成躯干各个部位及其关系的最后效果。

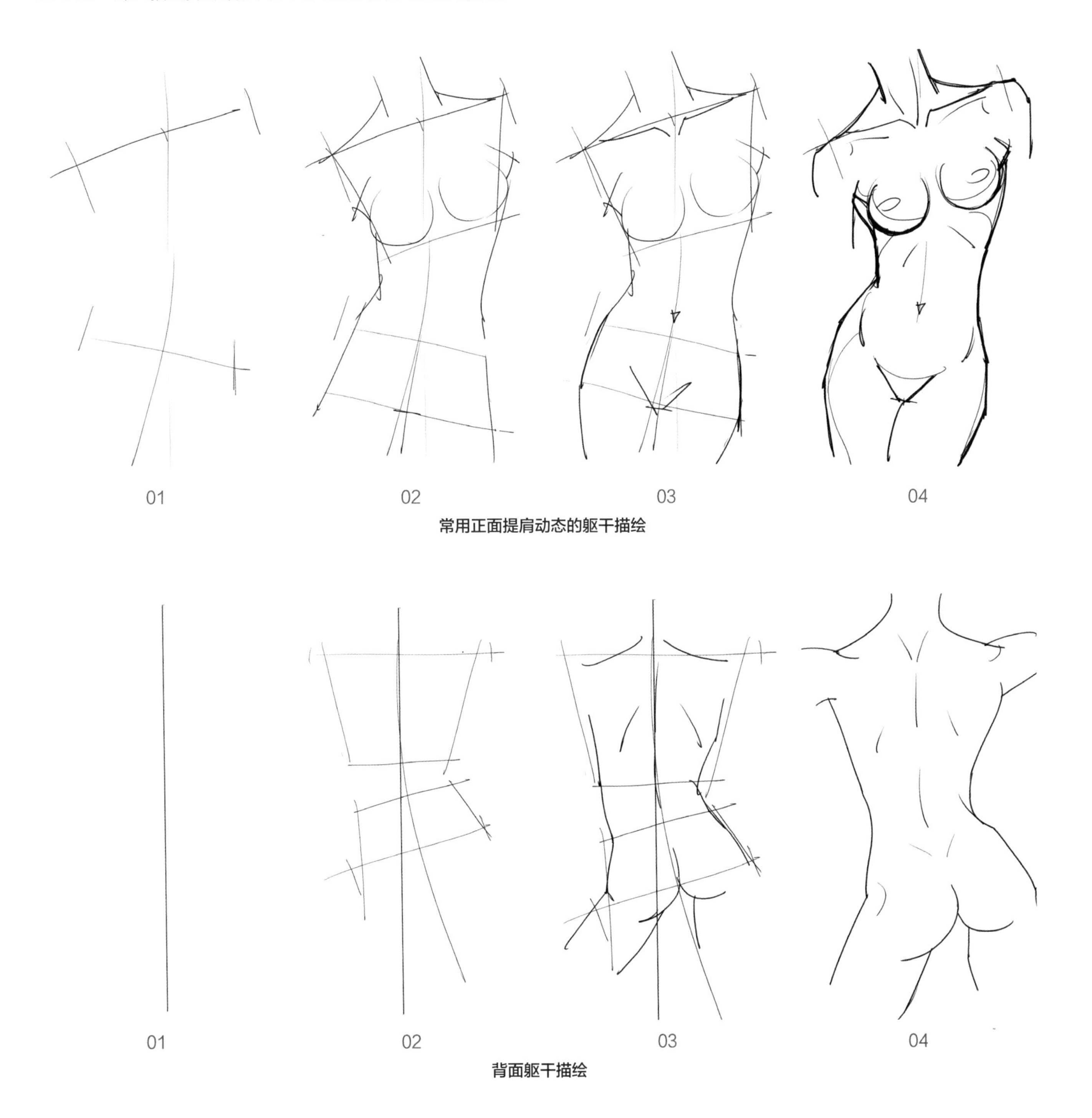


常用正面提肩动态的躯干描绘



背面躯干描绘

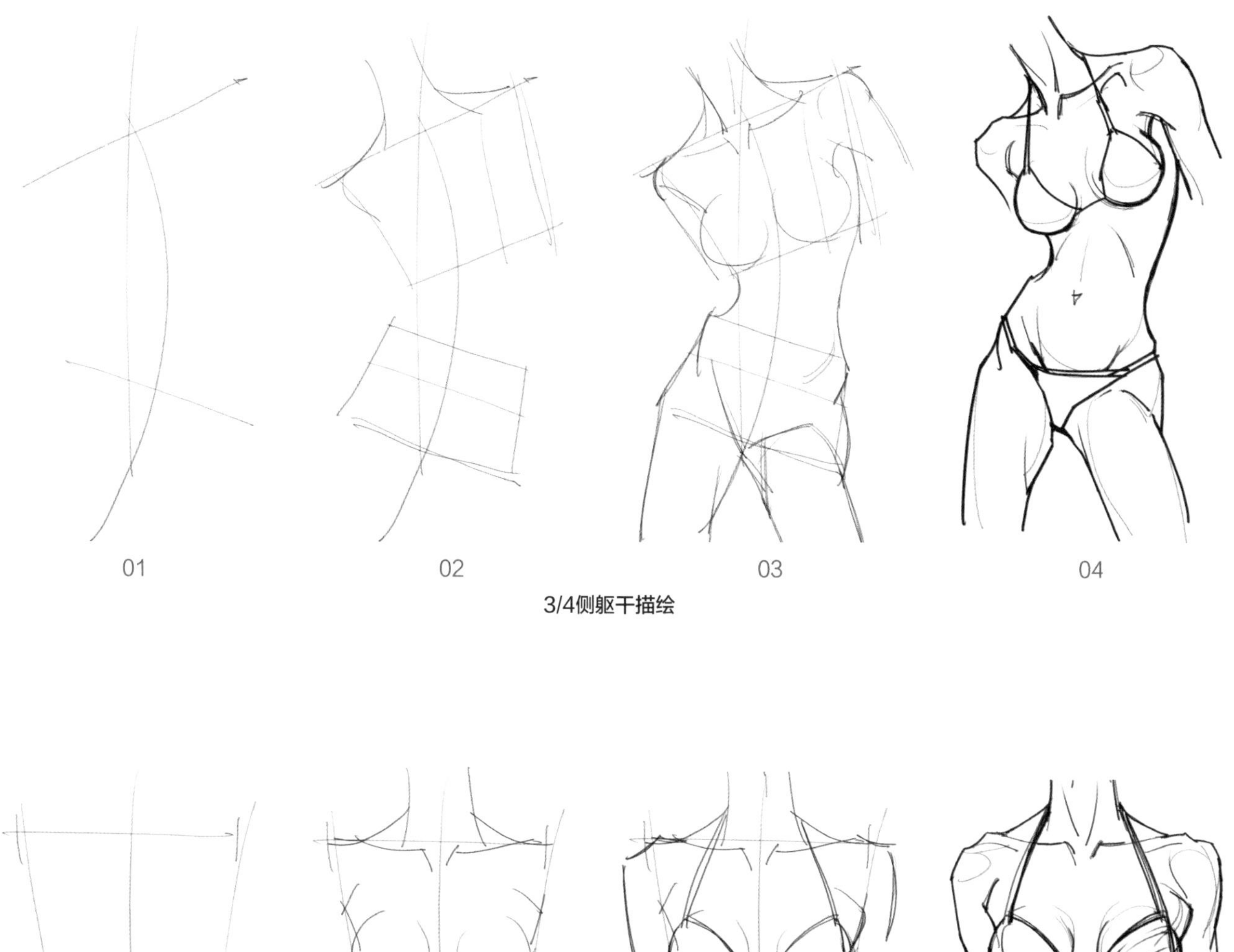


3/4侧躯干描绘

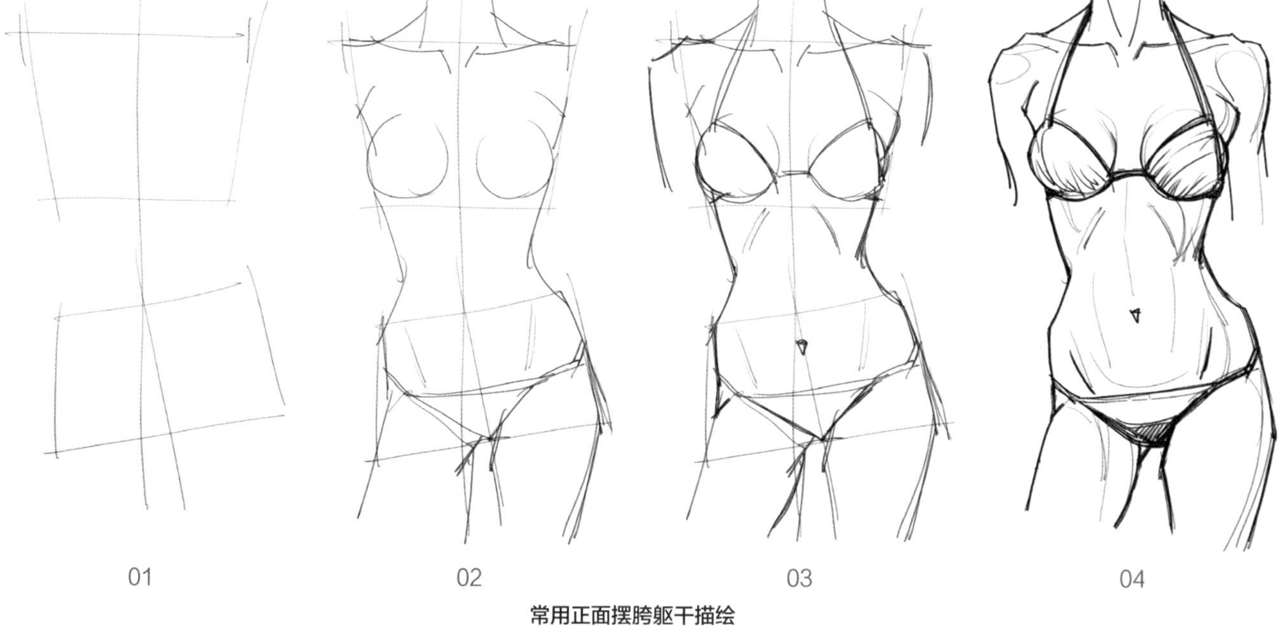


常用正面摆胯躯干描绘

对于画好躯干的动态，中心线和重心线很关键。初学者常常为这两线的具体摆放位置伤透了脑筋。需要注意的是，在确定重心线和中心线的时候与肩膀线的关联要相交于颈窝点。掌握好这个关键点很重要，可以避免日后画全身动态的时候出现重心不稳、动态效果难以把控的情况。

# 2.3.5 四肢描绘技法

人体的各个部位，除了躯干外最受关注并且需要经常练习的应该是四肢了。四肢可以说比躯干更难画，因为它的细节和动态更为丰富。躯干实际上并没有太多的变化，都是作为固体进行左右、前后的转动，变化的是腰。而四肢就不同了，除了上下肢不说，光是手就足以说明难度，俗话说画人难画手，不过只要掌握好方法，一样不难画。

## 1.手臂画法

手臂是和胸腔是相关联的部位，连接的地方称之为肩膀或是腋窝。手臂的中间段为肘部，起到弯曲手臂的作用。前臂和手连接的位置称之为腕，同样也是个灵活的关节部位。画手臂的难点位置主要是前腋窝、肘部位，然后就是手腕和手臂的每段形态。

下面为大家演示手臂的画法，整个绘制的过程采用了从骨骼概念到外形特征再到描绘步骤的过程，这样更加有助于大家认识并描绘好手臂。

### （1）自然外展手臂描绘

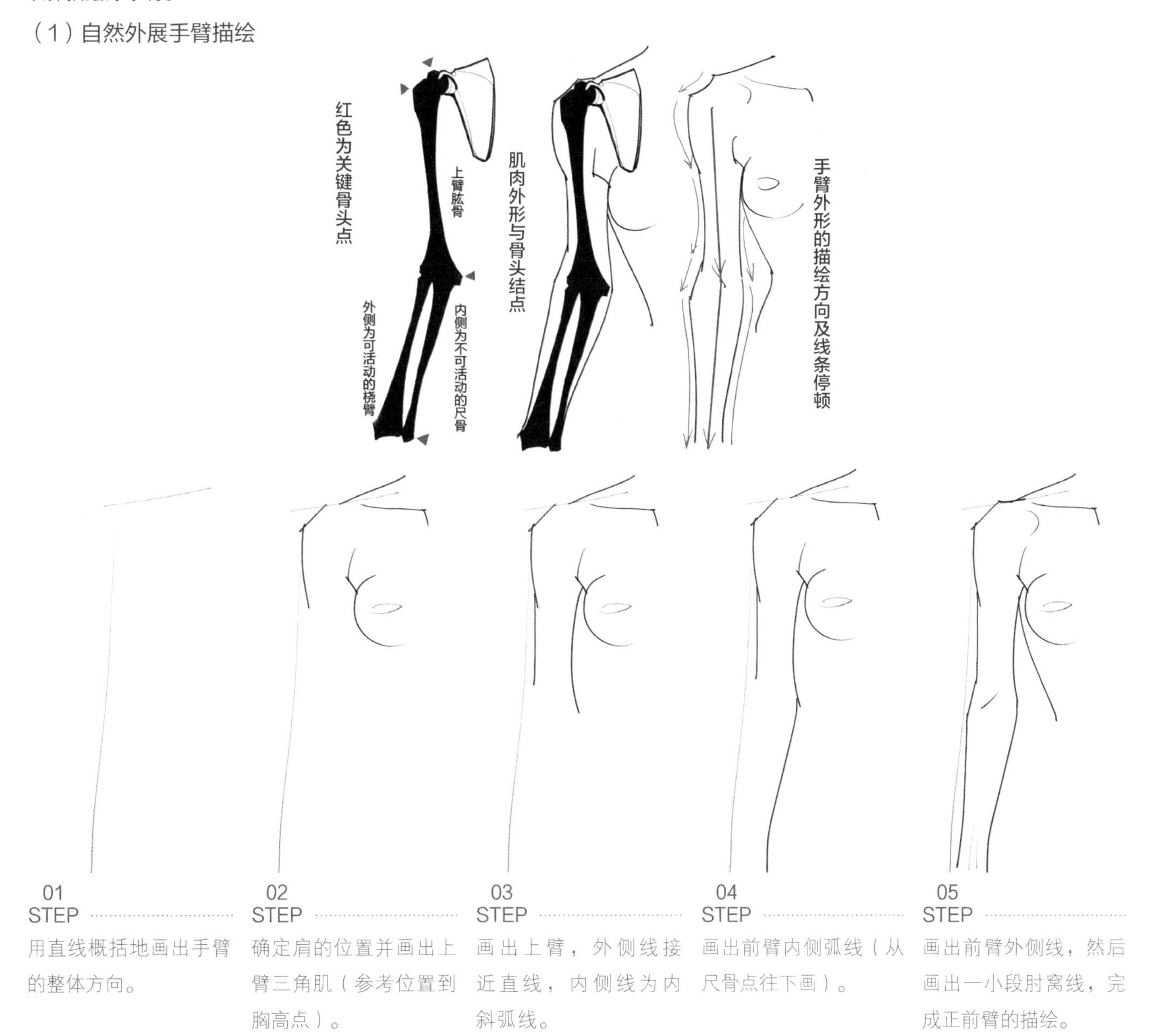

（2）前臂内旋手臂描绘

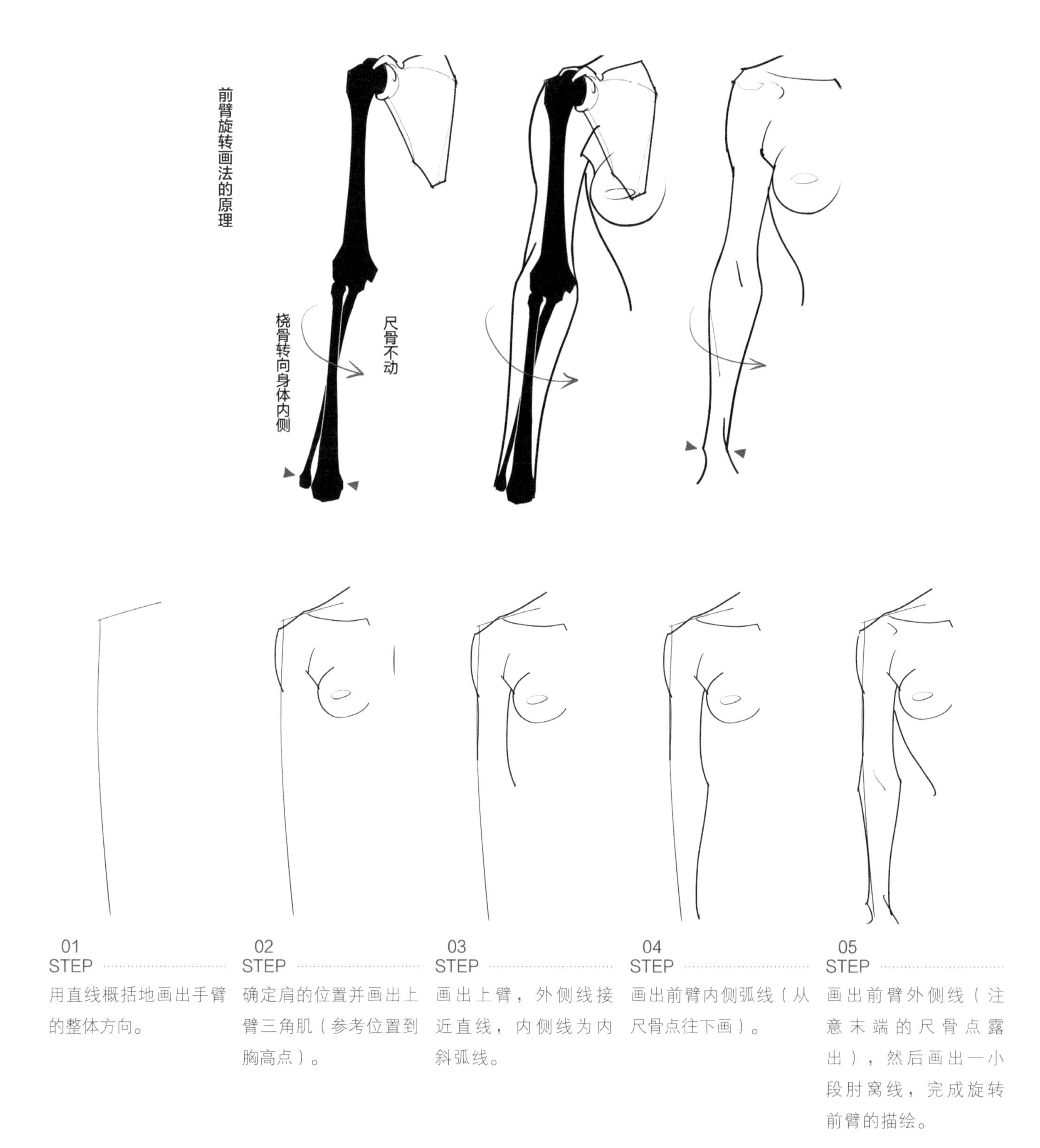


01
STEP
用直线概括地画出手臂的整体方向。

02
STEP
确定肩的位置并画出上臂三角肌（参考位置到胸高点）。

03
STEP
画出上臂，外侧线接近直线，内侧线为内斜弧线。

04
STEP
画出前臂内侧弧线（从尺骨点往下画）。

05
STEP
画出前臂外侧线（注意末端的尺骨点露出），然后画出一小段肘窝线，完成旋转前臂的描绘。

（3）背视手臂描绘

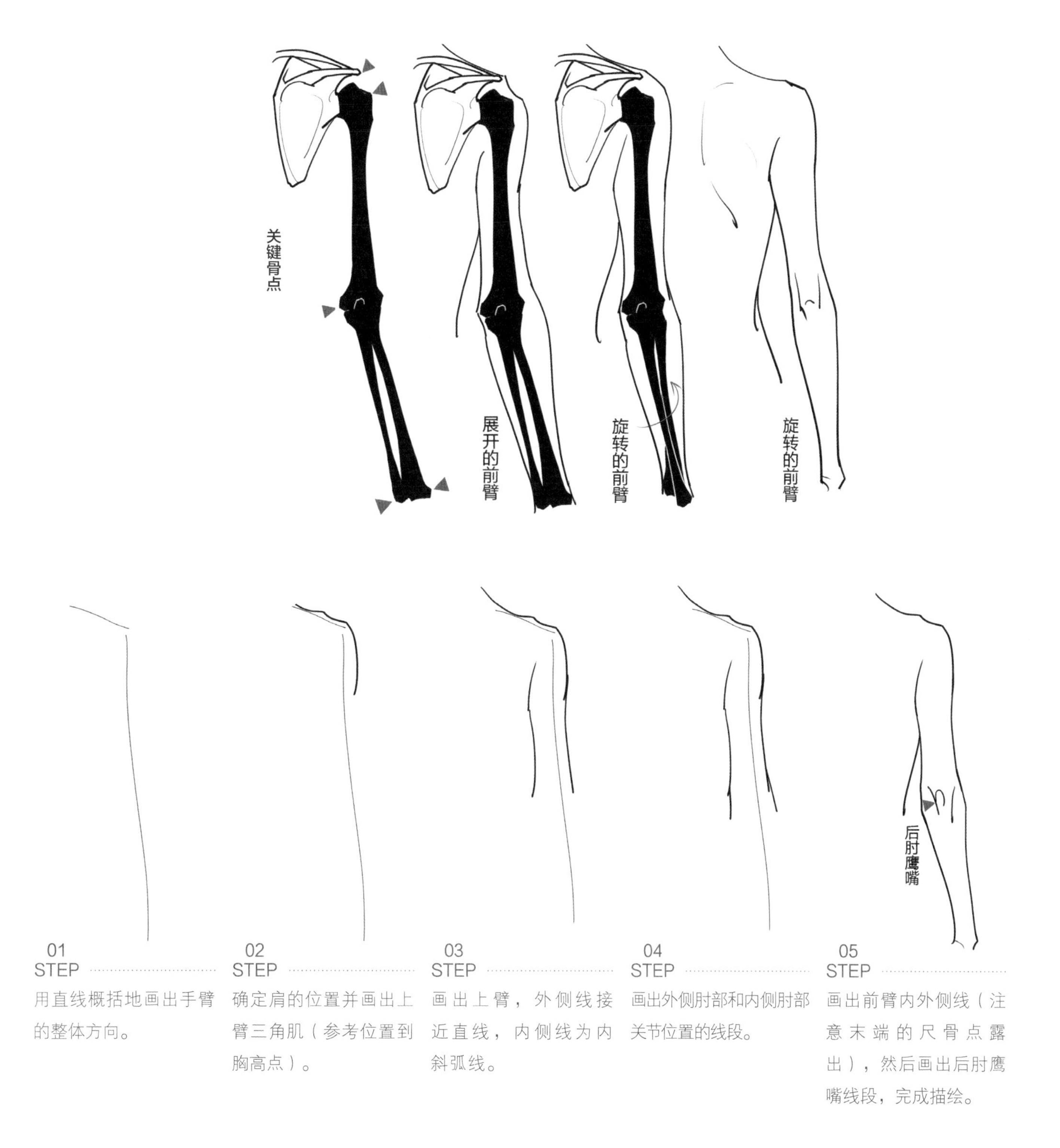


01 STEP

用直线概括地画出手臂的整体方向。

02 STEP

确定肩的位置并画出上臂三角肌（参考位置到胸高点）。

03 STEP

画出上臂，外侧线接近直线，内侧线为内斜弧线。

04 STEP

画出外侧肘部和内侧肘部关节位置的线段。

05 STEP

画出前臂内外侧线（注意末端的尺骨点露出），然后画出后肘鹰嘴线段，完成描绘。

## 2.手掌的画法

俗话说画人难画手，既然有这个说法，当然就有它难画的理由！不过，再复杂的对象，我们都可以概括和简化它。如果仅仅看到手的外形就照着来画，多数情况下会出现“照猫画虎”的效果。想要画好手，还是应该先对手进行仔细研究和分析。

首先，可以把手拆分成拇指、手掌、四指和腕4个部分，分别单独认识后再加以组合，以此作为基础再完整地画出手掌。

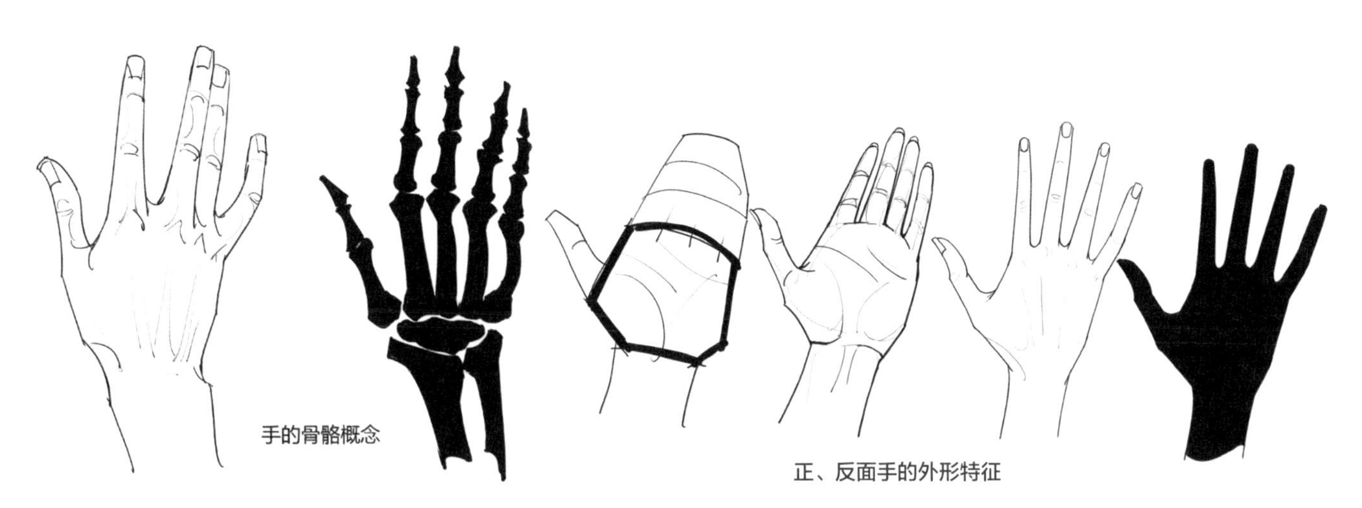


手掌骨骼和形态

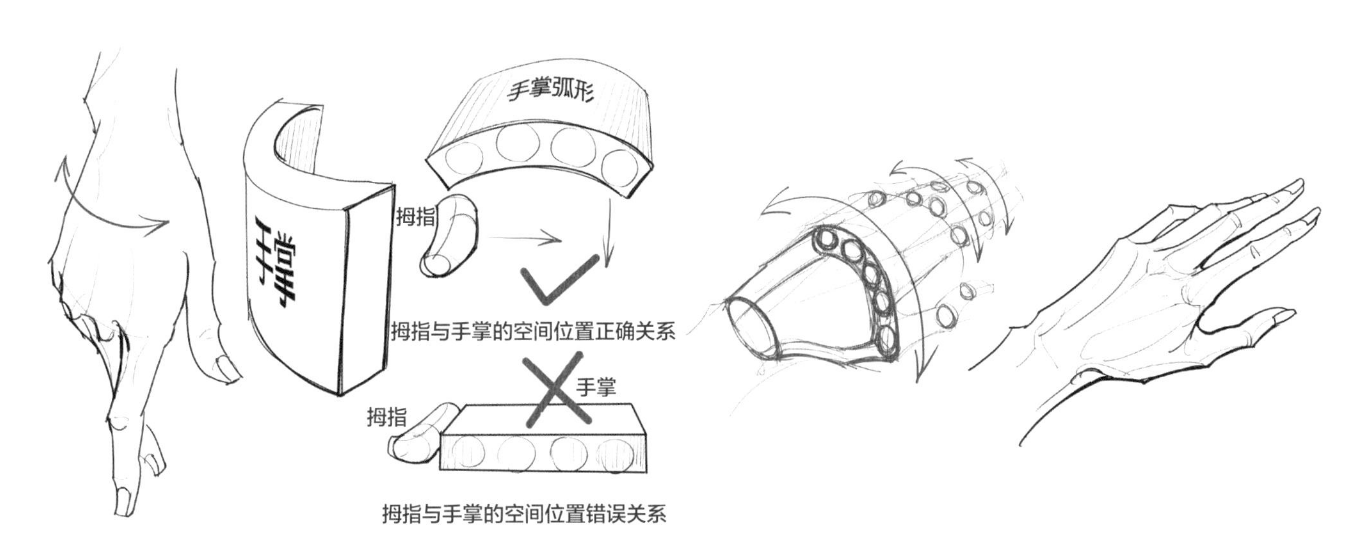


手掌的结构造型分析

## 手掌的描绘示范

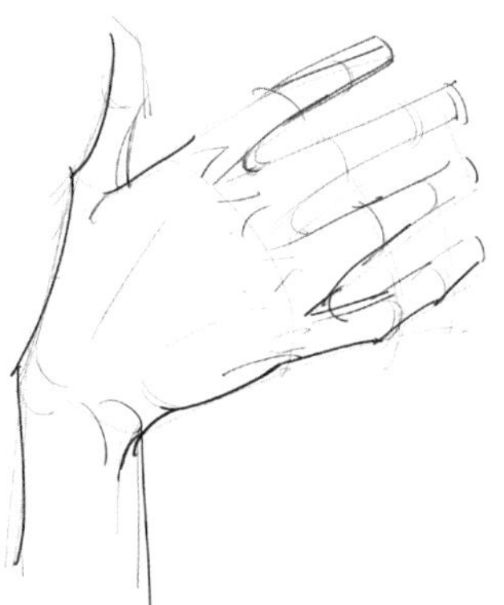

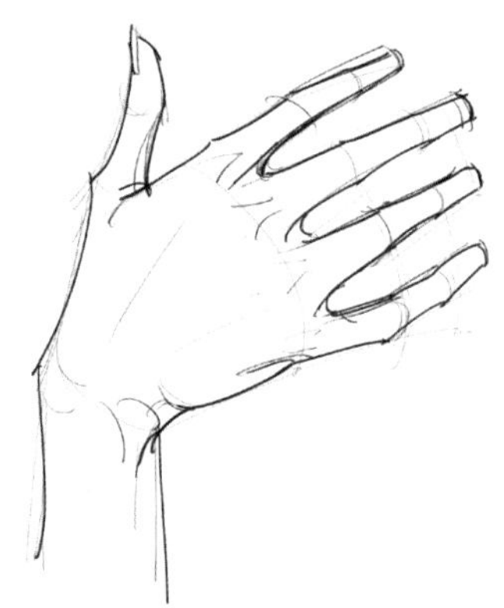

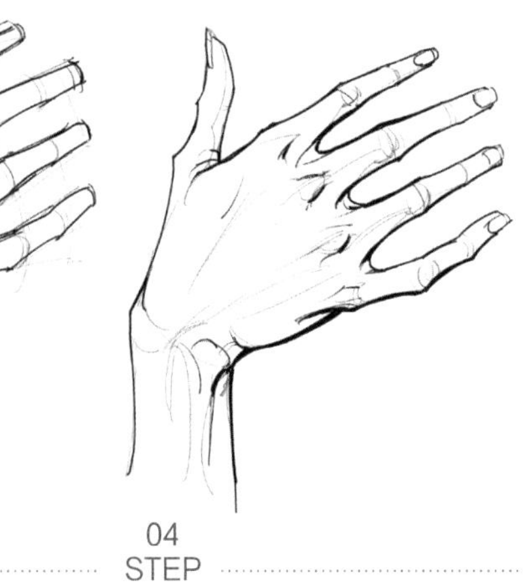

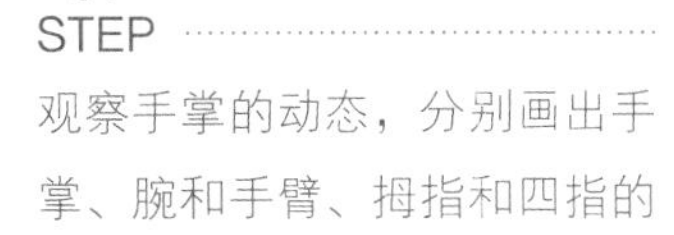

01 STEP

观察手掌的动态，分别画出手掌、腕和手臂、拇指和四指的位置及动态大效果。

02 STEP

概括描画出各部分的形态关键点（不受细节影响），手指要有意识地分组画。注意手掌的弧面形态。

03 STEP

进一步描绘各部位的细节，注意手指和手掌的比例效果。

04 STEP

深入描画细节，比如主要关节和指甲等（注意女性手指尽量简洁，可刻意柔美），最后调整效果。

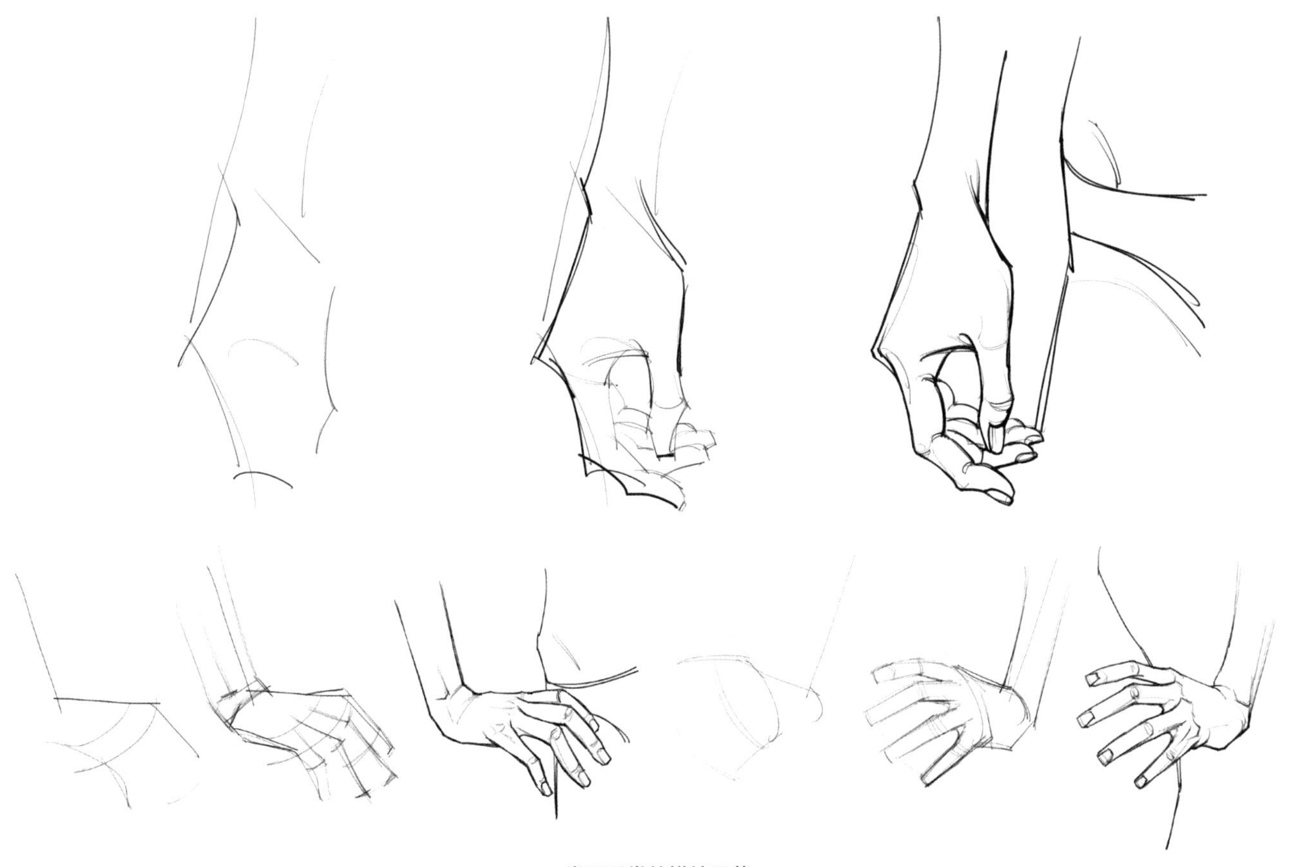

**常用手掌的描绘示范**

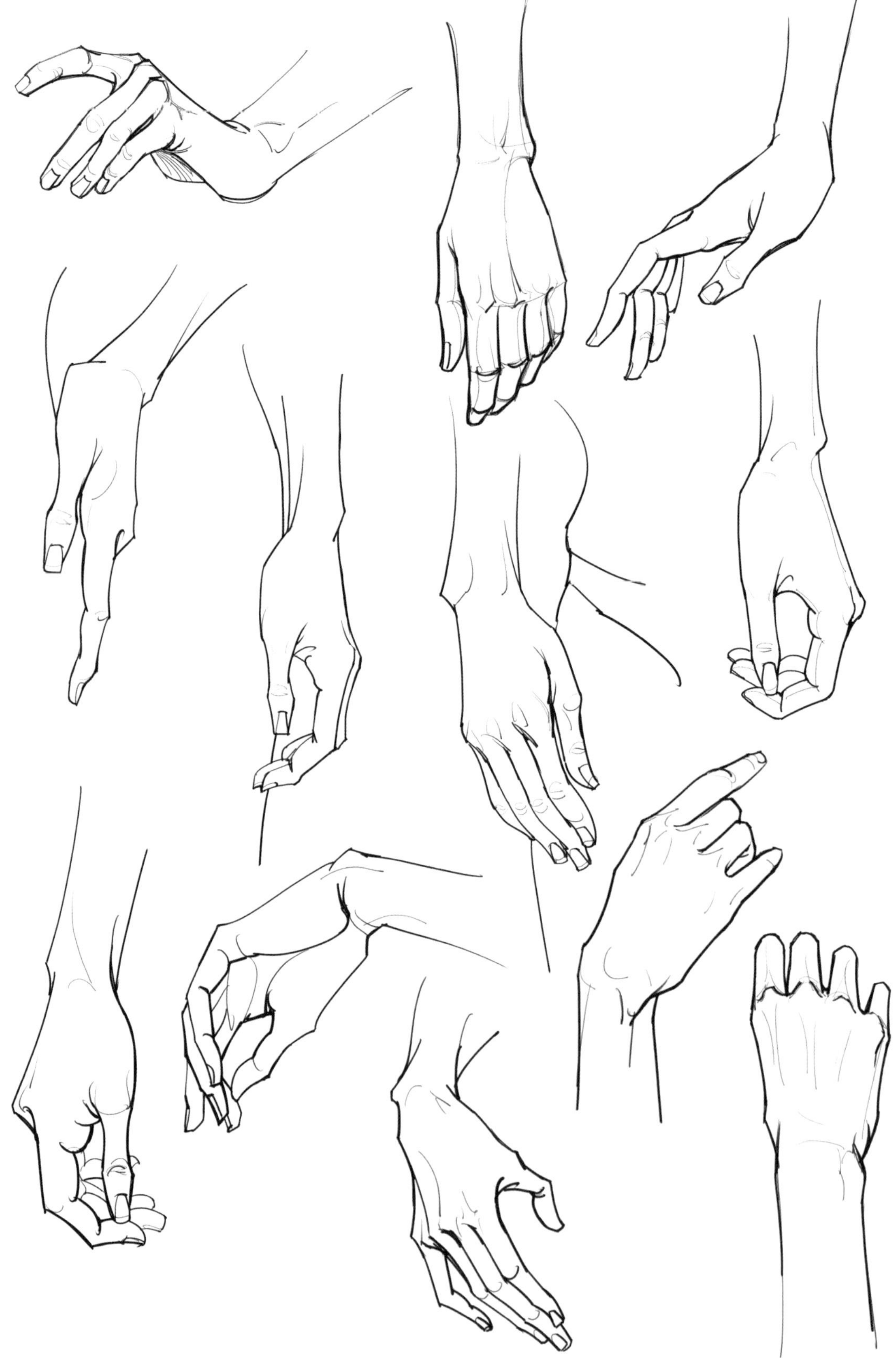

常用手掌的描绘示范

## 3.整体手臂描绘

将手臂和手掌的描绘知识结合起来，在进行整体描绘的时候把控好手掌与手臂的比例和大小关系。粗手臂一定要配合宽手掌，瘦长的手臂也一定是配合纤细手指的窄手掌，否则整个比例效果就不协调了。还需要注意的是，如果手臂的线条柔和，那么手指也要柔和；如果手臂表现得比较骨感，那么手掌和手指也一样骨感。

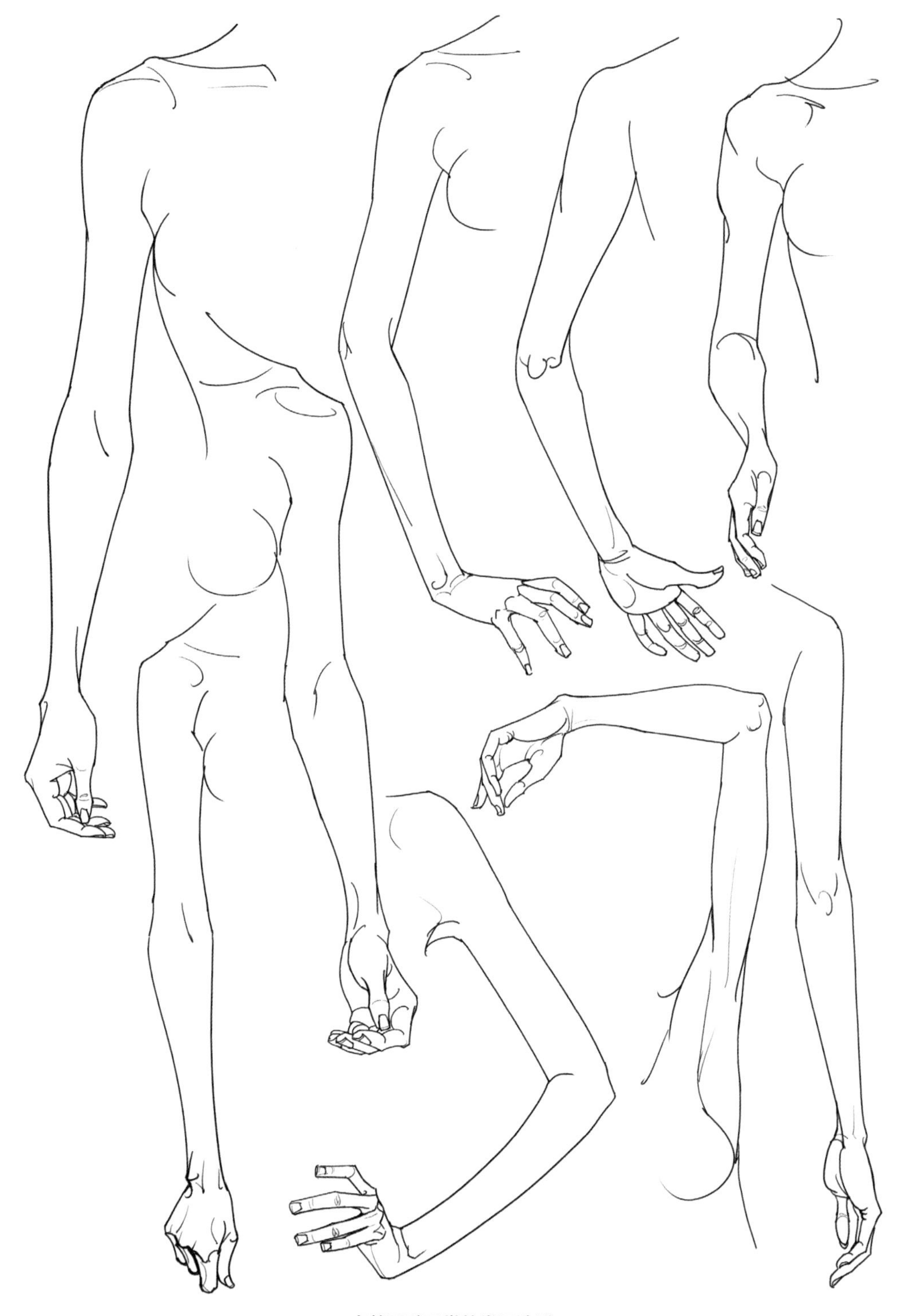

**完整手臂手掌的常用造型**

## 4.腿脚画法

如果大家留心观察，一定会发现时装画和别的画种最明显的区别是：多数情况下时装画中人体的腿部画得很修长。油画偏向于写实，服装画则偏向于寻找理想。把腿画修长，就是女孩穿上高跟鞋的理想状态。就身体而言，只有夸张修长的腿，才更符合人的审美习惯。

既然腿在时装画中的意义非凡，那就让我们好好研究下腿的特征，画出一双修长美丽的腿吧！

修长的腿更显时装味

### （1）下肢的画法

这里所讲的下肢包含大腿和小腿部分，是有意把脚的部分分开来讲的。在讲大腿的时候，不可不提一下胯部，因为胯根为大腿的起始位置，同时腿部的运动关系总是和胯部相关。这点画者一定要注意，否则就算腿部画好了，胯的关系没处理好，依然会闹笑话。在时装画中经常会遇到腿画短了、胯没转过去，或者画得很僵硬等情况，造成这些问题的原因就是没把腿和胯的连带关系处理好。

如果大家认真阅读了前面所讲的知识，一定会发现在本书的人体结构描绘的学习中，对形状轮廓的描绘主要是抓住两大要点来掌握，即概括的骨骼和人体各部位外形的剪影特征。也就是说，掌握好基本骨骼点之后，根据对相关部位的形象记忆，就可以画出合适的人体外形及动态效果了。由于记住了剪影式的外形特征，就省去了记忆人体各部分的肌肉结构，我们只需关心它的形状效果就可以了，这和雕塑艺术专业研究人体的深度是不一样的。

下面一起来学习下肢部分的大腿、膝盖和小腿的骨骼要点、外形特征，分别从正面、3/4侧面、背面、正侧面几个不同角度进行下肢的描绘。

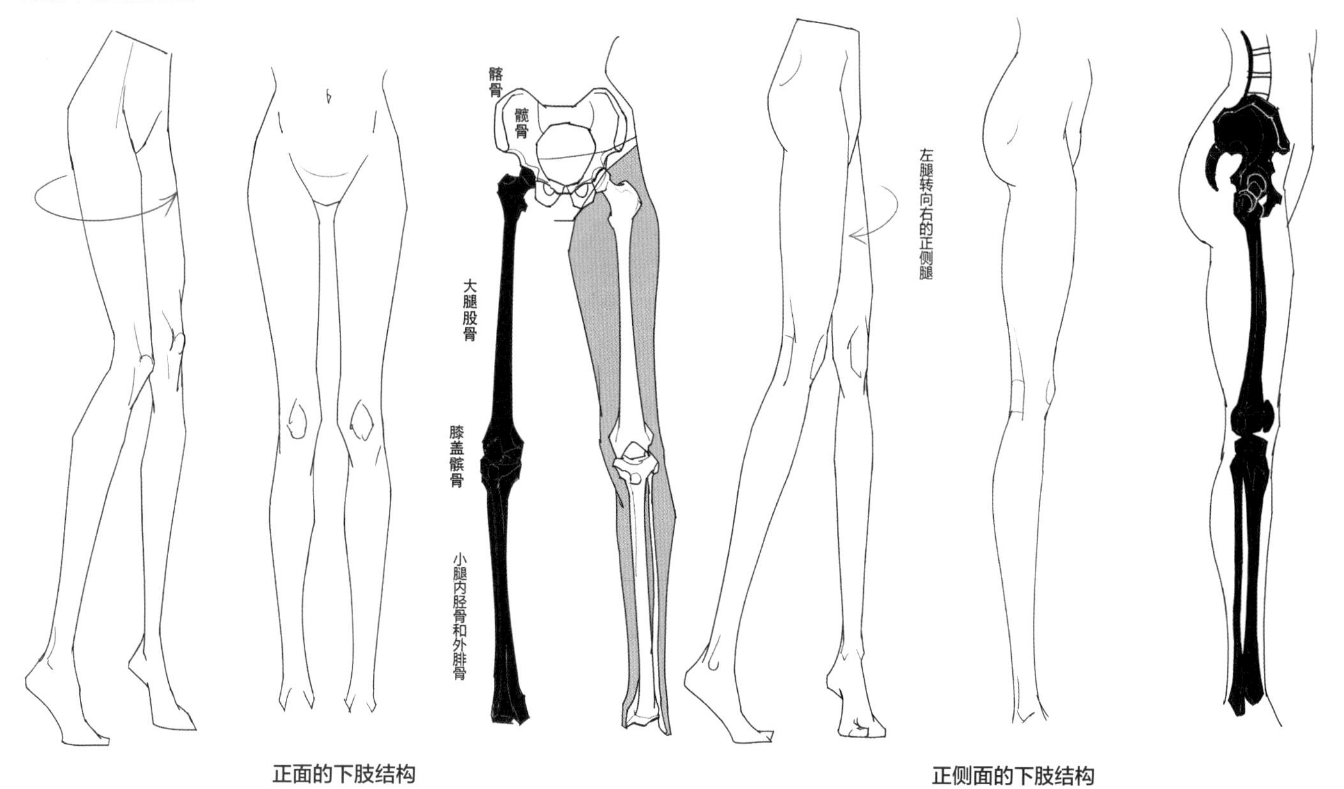


正面的下肢结构

正侧面的下肢结构

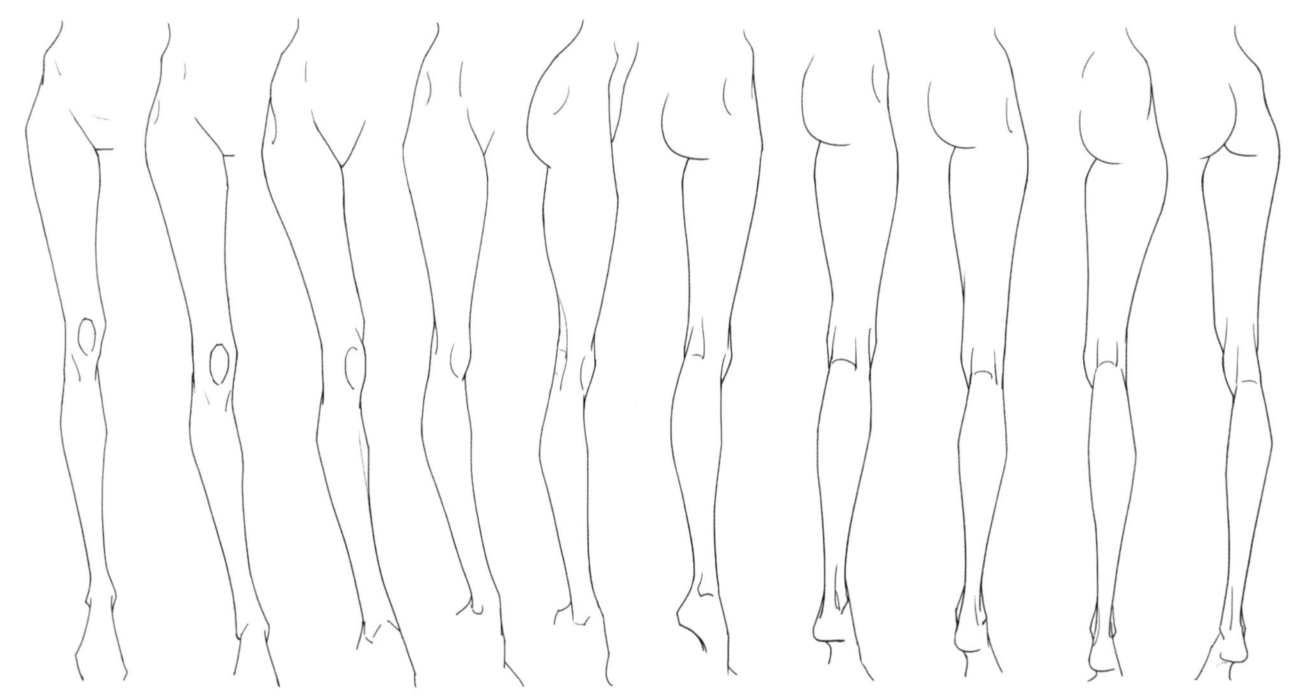

下肢的各个方位形态

### （2）脚的画法

如果不是鞋子设计师，估计很少有人对画脚有足够的重视。时装画也一样，脚常常是以鞋子的形态出现，偶尔在夏季才会画到脚。虽然如此，还是建议初学者先对脚的结构和形态有个基本的了解和认识，只有这样才能在描画鞋子的时候，最大限度地抓住脚部的形态特征，让所画鞋子的视觉效果更加符合审美要求，甚至还能因此而拓展设计师对鞋饰配件的设计思维。

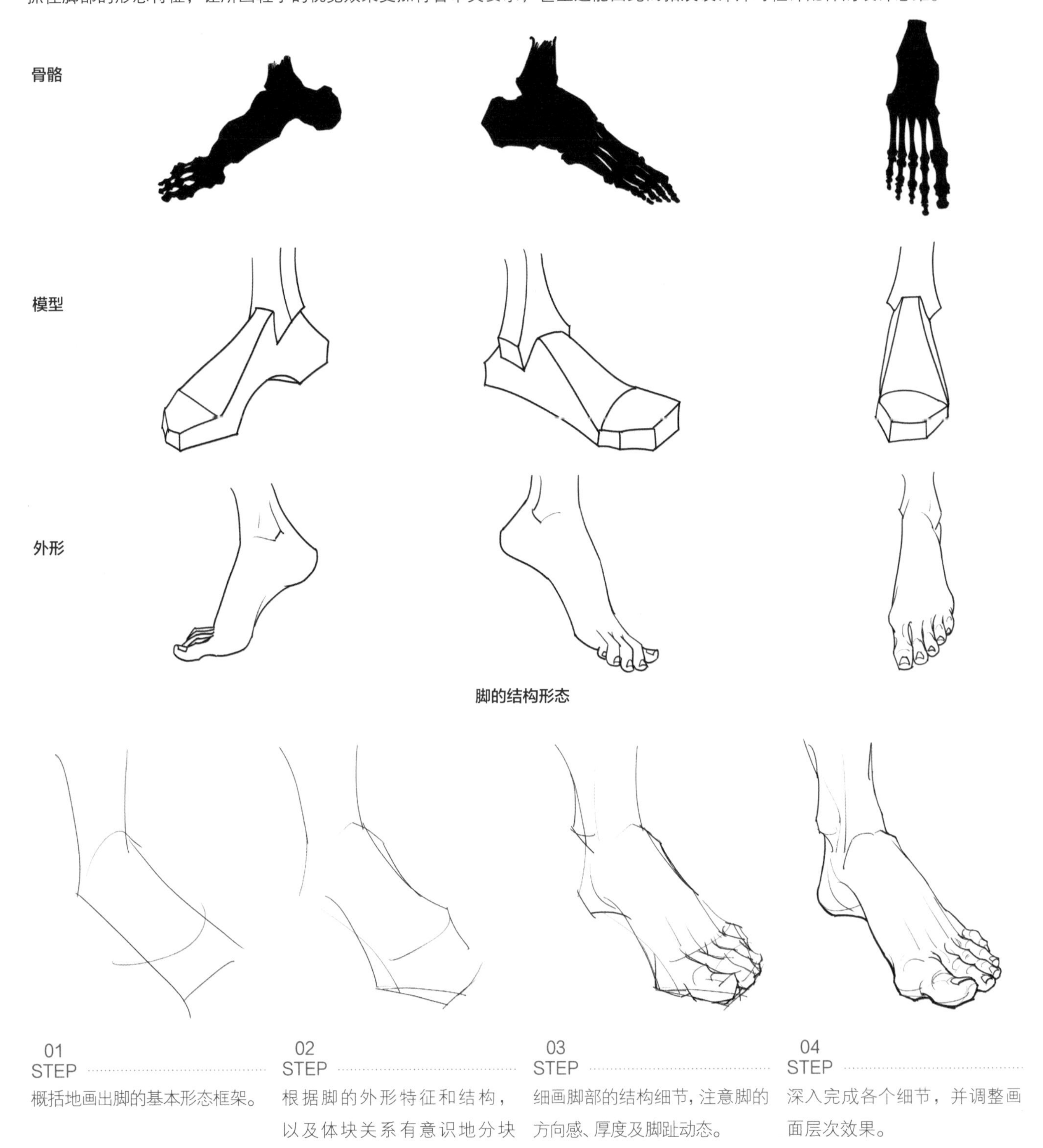


脚的结构形态

01 STEP 概括地画出脚的基本形态框架。

02 STEP 根据脚的外形特征和结构，以及体块关系有意识地分块画出。

03 STEP 细画脚部的结构细节，注意脚的方向感、厚度及脚趾动态。

04 STEP 深入完成各个细节，并调整画面层次效果。

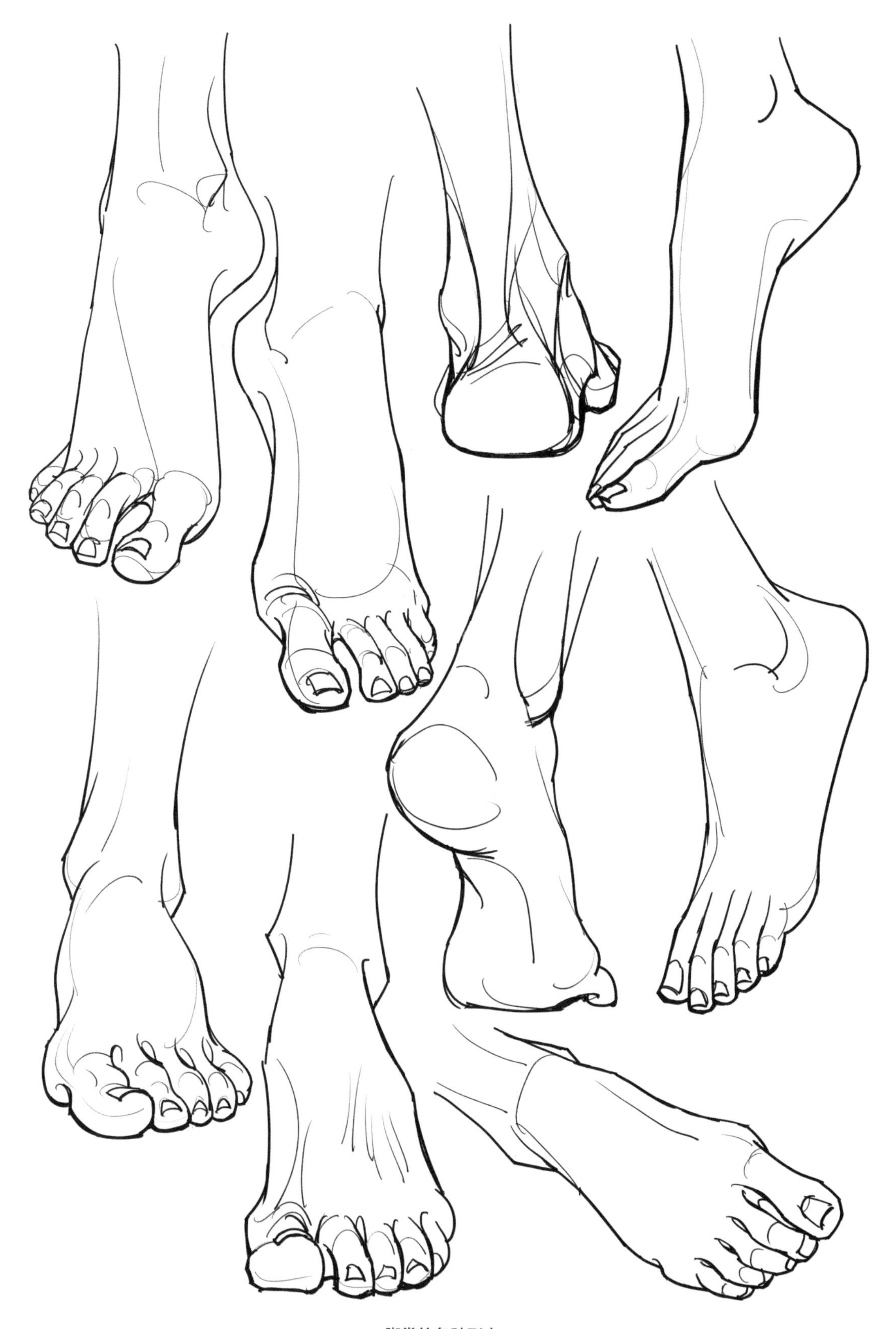

脚掌的各种形态

## 5.腿脚的整体描绘

将下肢和脚结合，完成整个腿部描绘，其关键要点是胯与大腿的连接位置、膝盖作为大腿和小腿的衔接作用以及小腿与脚掌和脚踝的连接描绘。把握好这些要素，腿的结构就能够建立起来。加上腿的外形、脚的细节，就能够产生一个完整腿部的描绘效果。

01 STEP　确定胯的基本比例和动态，画出腿部的重心辅助线、膝盖和脚踝的位置辅助线。

02 STEP　描绘出胯与大腿的转折、膝盖的连接、脚踝的位置及动态方向。

03 STEP　深入描绘腿脚的外形特征及运动的透视变化效果，完成整体的腿脚描画。

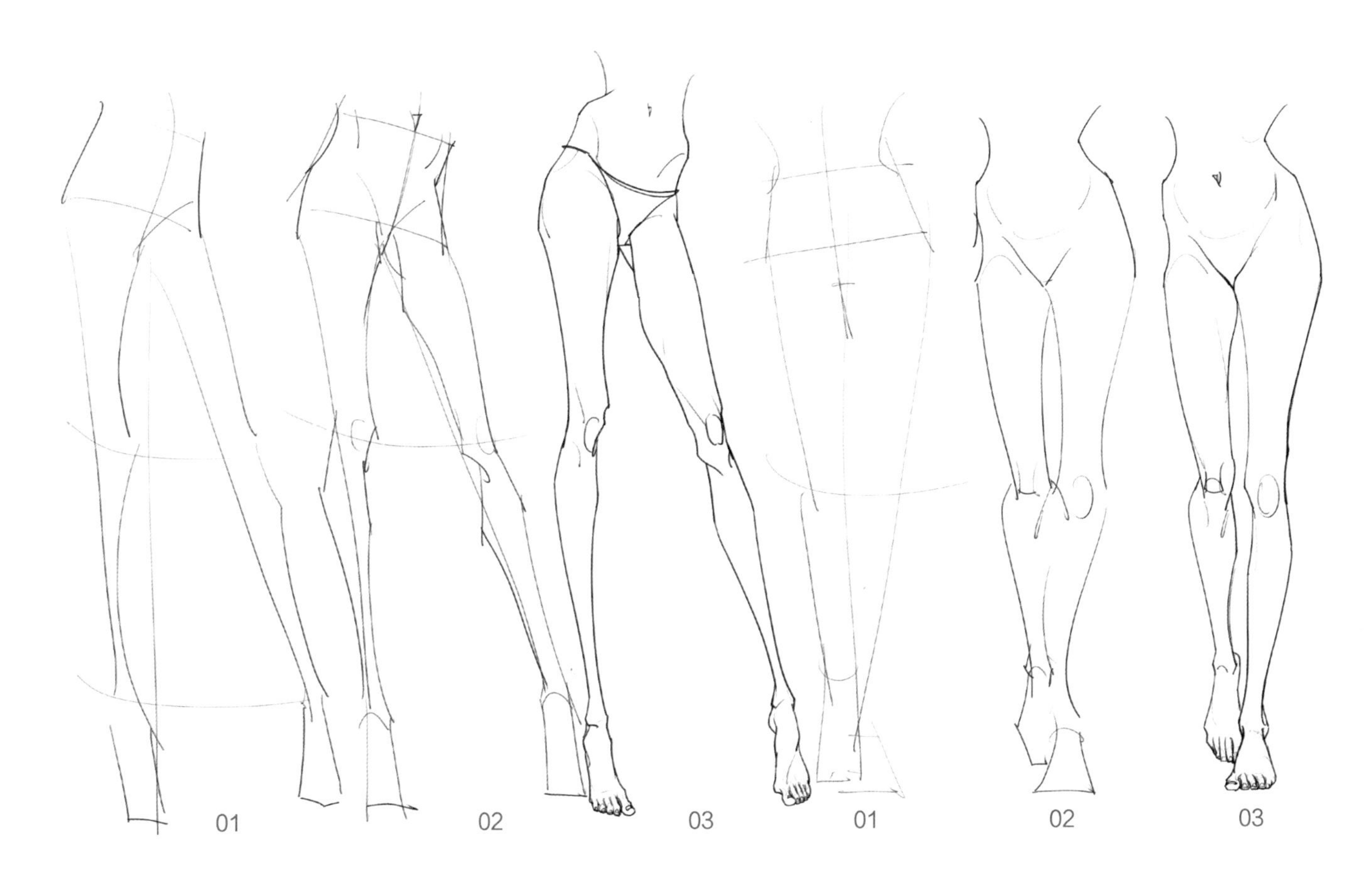


# 2.4 人体动态表现

当掌握了人体局部表现的知识后，描绘者就具备了绘画完整人体的能力和素质。接下来，针对服装设计常用的人体动态造型，以示范描绘的形式逐个进行讲解。常用的动态造型可分为直立静态、初级动态、正视动态以及侧视动态这4大类型，这4大类型从动态难度的角度来讲是循序渐进的，但从实用的角度来讲是这样的一个排列顺序了。一种动态的使用，往往也会受到流行因素的影响。从发展历史来看，人体的动态造型经历了由追求“动”的丰富到现在以“静”的程式化为时尚造型的发展过程，这是一个大趋势。当然，个别的品牌也会受到自身的品牌理念的影响，会有与大势相异的造型选择，这也是一个正常的现象。一个趋势发展到一定阶段就会重新转入另一个新趋势。总的来说，只要是符合自身需要的、合适的，才是最好的！

## 2.4.1 直立静态描绘

直立静态既是人体动态表现的基础，也是近期使用得最多的着装动态之一。简简单单的一个直立姿态，不仅能全面、清晰地反映出款式的设计效果，还增加了时尚的气息。直立静态同时也是各大品牌主要使用的人体动态表现。

步骤示范

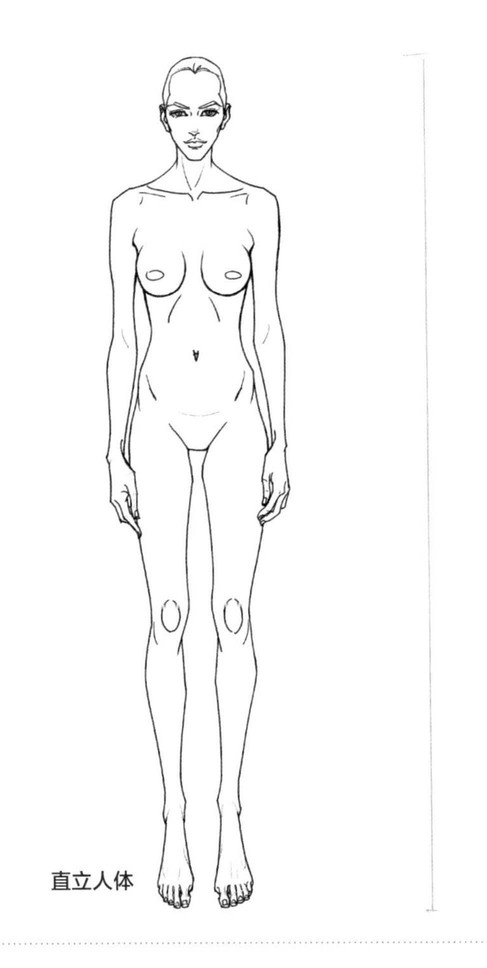


直立人体

01
STEP

在纸面上定出描绘的长度限制范围，建议底边尽量多预留些位置，以备使用。然后再描绘出重心的辅助线（这时候的人体中心线和重心线是重合的）。

02
STEP

在重心线的1/2处画出平分点，然后将上下部分再平分出4个头的长度，整根线共分出8个头长，以此作为描画人体的比例基础。

**TIPS**

初学者应该严格把控每个线段的长度，保证每个线段的长度一致，否则后面的人体比例容易出现问题。只有熟练掌握并且能够快读准确地划分人体比例，才能更好地体现时装特色。

03
STEP

在8个头长的基础上，确认需要描绘的人体的比例要求。比如6个半头长的常人、7个半头长的真人优秀比例、8个半头长的真人理想比例，或者是9个半头长以上的夸张比例，确认后即可描绘人体宽度。本例是以7个半头长的优秀真人做描绘示范，描绘辅助参考线时使用直线段或是梯形模型的方法。在描绘宽度比例的时候，头宽也可以作为辅助的比例测量元素使用。

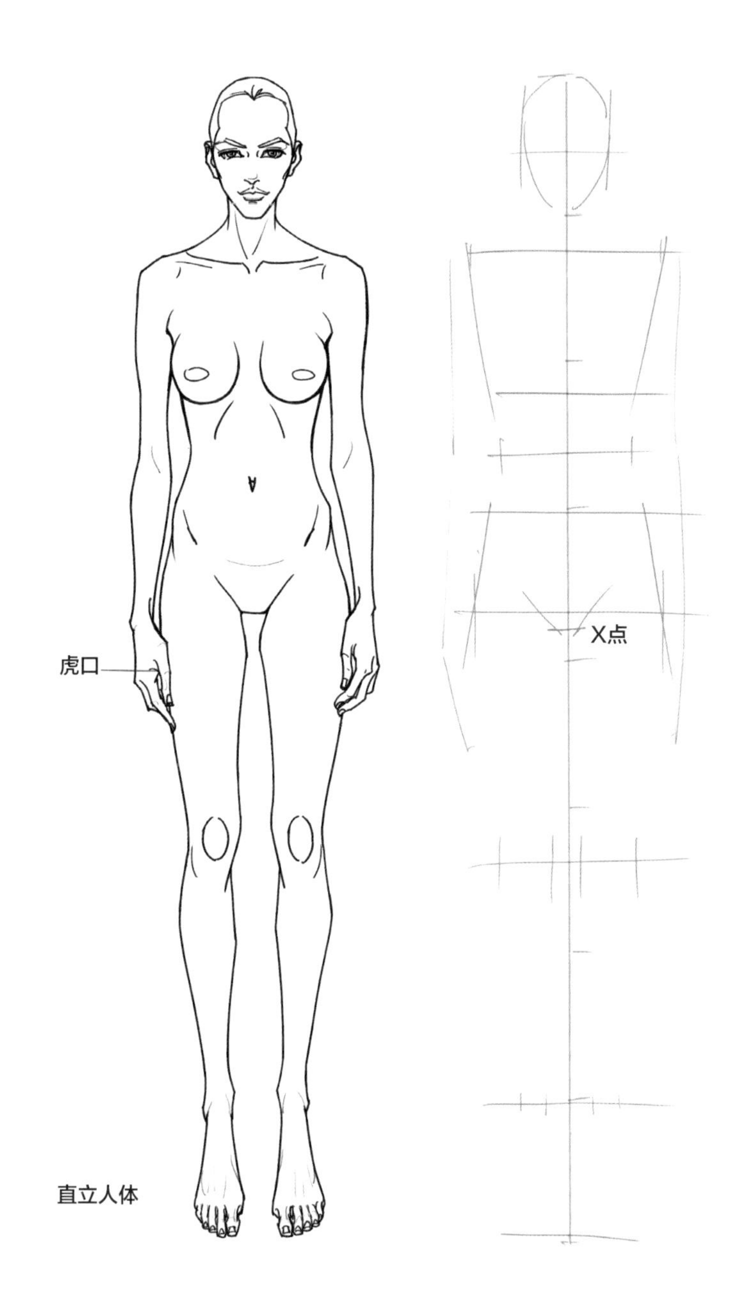


## TIPS

前面章节有简单介绍过比例问题，这里再次确认具体的比例关系。肩膀在第2个头长的1/3位置，宽度为左右各1个头宽；胸腔梯形模型底线在第3个头长近1/3位置；胸高点在第2个头长下，腰部最细处在第3个头长的2/3位置，宽度近1个头长；第4个头长的3/4位置为X点，胯的梯形模型的上线在第4个头长位置，底线在第4个头长的3/4位置偏上些；胯部最宽可与肩同宽，上线比腰线要宽些；膝盖在第6个头长的1/3位置，脚踝在第8个头的位置。

另外，手腕关节大概对应在胯的最宽处，虎口可以与X点平齐或偏下些，手掌到大腿中间即可（手掌的长度和脸比相当于从下巴过眉心左右的位置的长度）；膝盖的宽度将近半个头宽即可，脚踝为膝盖的1/2宽度左右，脚掌的长度和头长接近，这些位置的表示在这个阶段都是用直线段来暗示。

04
STEP

画出人体的内外基本轮廓，并适当表现一些细节。比如胸腔的梯形模型的端点即为肩膀的骨点，向下画出一小段斜线做为肩膀的宽度；腋窝在梯形两侧线的近1/2处，胸部画到模型的底部即可（注意偏上为小胸、偏下就为大胸）；手肘对应在腰的最细处；膝盖的内侧线与小腿线要画出穿插的效果；小腿内侧的最宽点要低于小腿外侧的最宽点；内侧脚踝高于外侧脚踝。

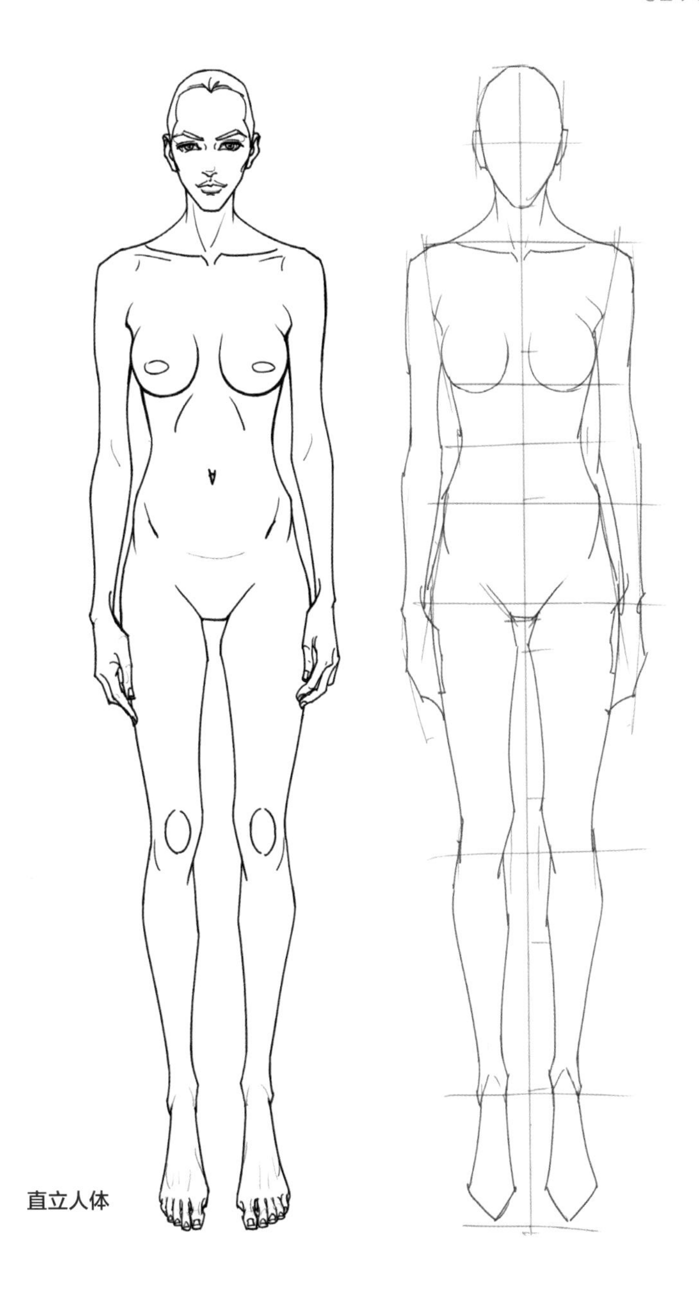

直立人体

**TIPS**

外形轮廓的表现技巧是腿部内侧上下相连几乎为直线，只有膝盖稍有进出效果；腿的外侧则是有数字3的画线效果。

05
STEP

在外轮廓的基础上，深入描绘各部位的细节。比如上臂的三角肌的描绘（要对应胸高点）、锁骨的描绘、胯部的髂骨细节交代、肚脐眼的位置（腰部最细处和胯模型上沿线的1/2处）以及膝盖的描绘（画成概念化的椭圆形即可）等。

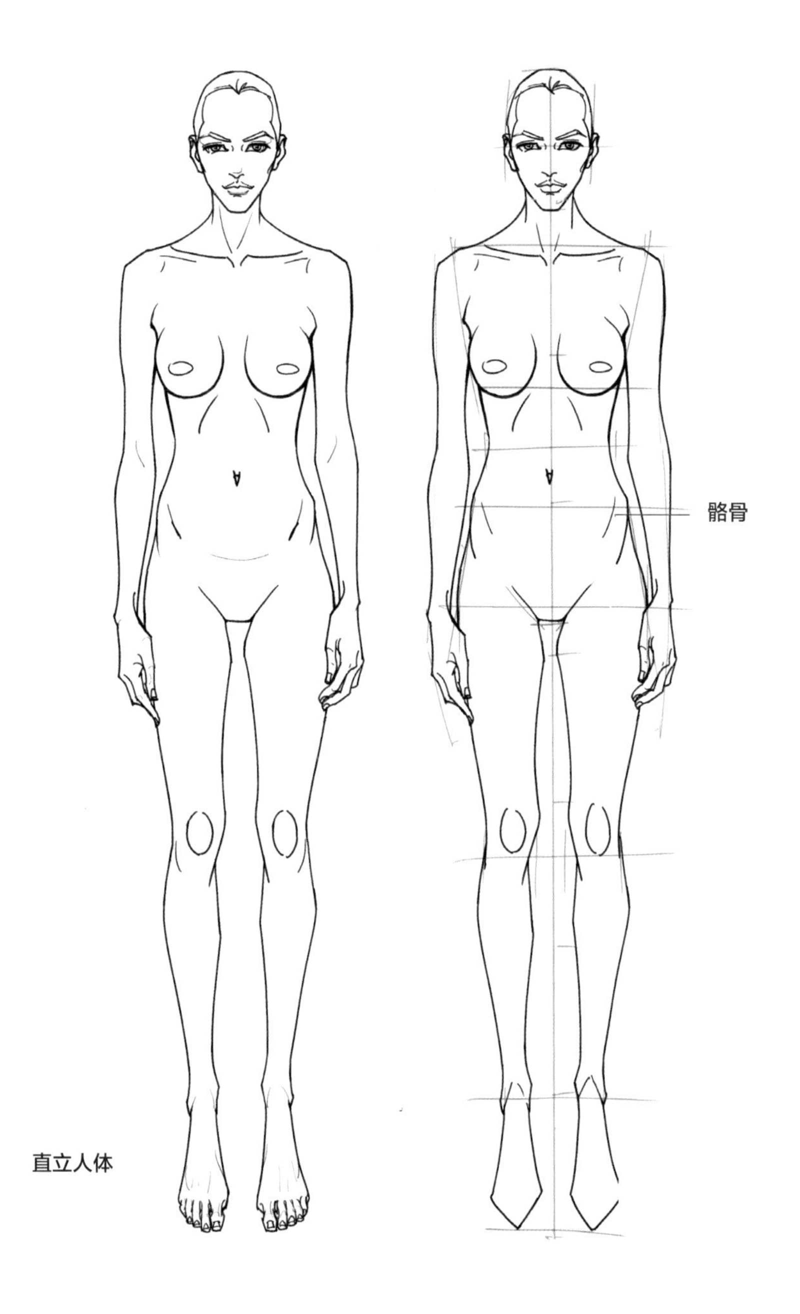


直立人体

## TIPS

在画比例的时候，需要注意的是最基本的头部单位。如果头部画得又瘦又窄，则整个身材的比例也会显得很瘦长；如果头部画得又宽又胖，则整个身材也显得很宽壮。因此忽略了最基本的头部单位的长宽比例，同样会对身体的比例产生不良的影响。

## 附背面直立动态图描绘步骤

相比正面直立动态来说，背面直立动态使用得很少。除非设计师有特殊的设计要求，否则在交流背面的款式设计概念上，多数是以款式平面图的形式作为补充说明。

但作为时装画爱好者，如果对画背面有自己的要求，则是无可厚非的。在这里，笔者总结了一些画背面的经验，相信会对喜欢画背面的朋友有所帮助。

如果细心观察会发现，正面和背面的廓形剪影其实是一样的，这为我们画好背面提供了一个很好的参考方向，根据这个特点，在画背面的时候比例分配是一样的，骨点特征也相同。所以先不要管内在的细节，在大比例没问题的基础上，直接画出正面印象的外形轮廓就好了。画完以后，再加上内在细节，比如肩胛骨、手臂的肘关节、腰部的穿插效果、臀部的下弧线、后膝盖和后脚跟等，把这些细节完善以后，背面的直立动态人体造型图就算完成了。

看起来较为复杂的效果，换个角度来理解画起来就容易了很多。

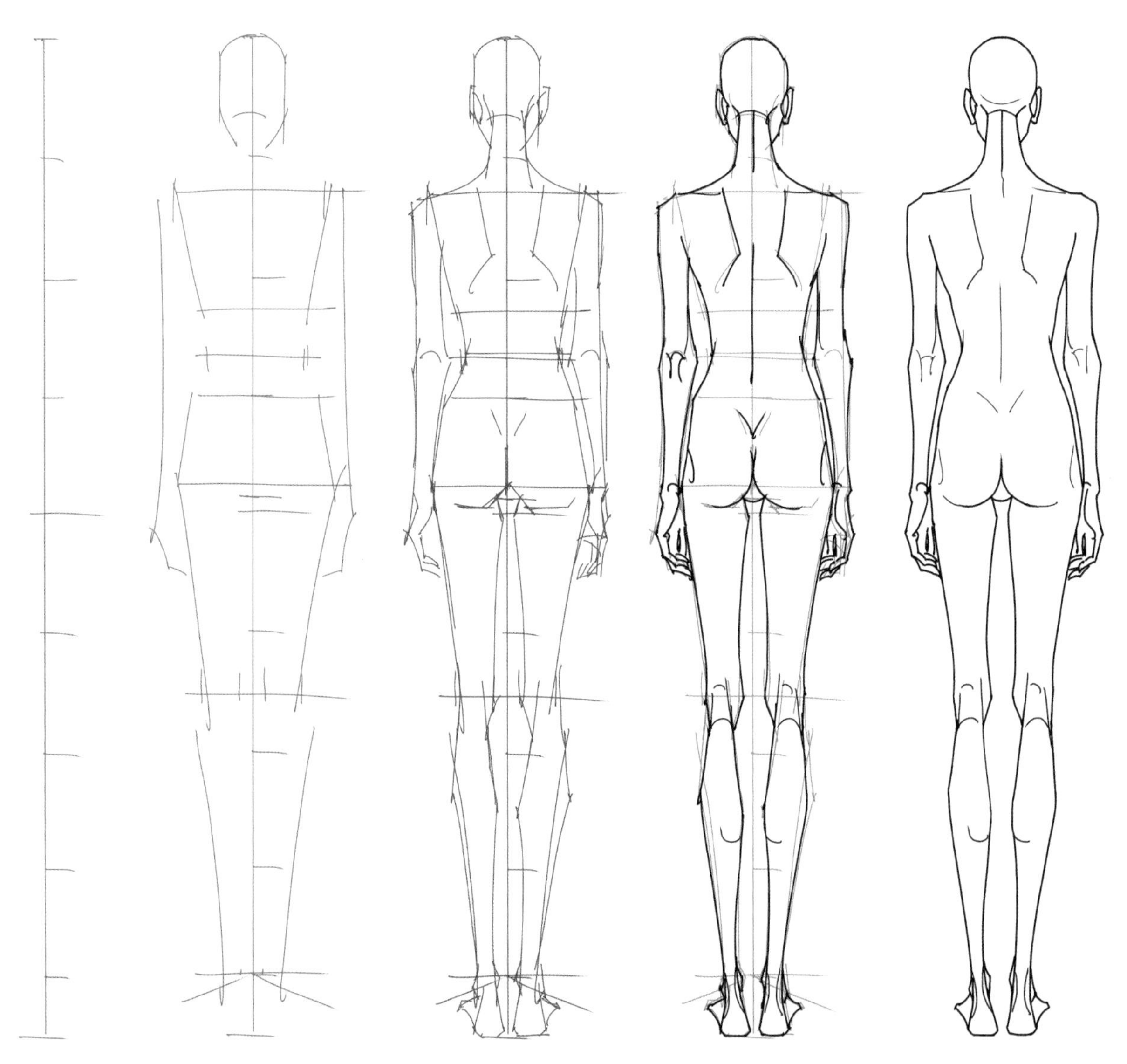

**背面直立动态图**

## 2.4.2 初级动态描绘

顾名思义，初级动态就是在直立静态的基础上稍作变化的动态效果。静态人体的肩、胯、四肢是没有任何动态感的，仅仅是直立的展示。而初级动态就是头、肩、腰、胯、四肢开始产生“动”的变化，而这个“动”的变化不会是太强烈的，没有转身、没有前后的运动效果。初级的动态，也常常是时装画动态造型的“常客”。

步骤示范

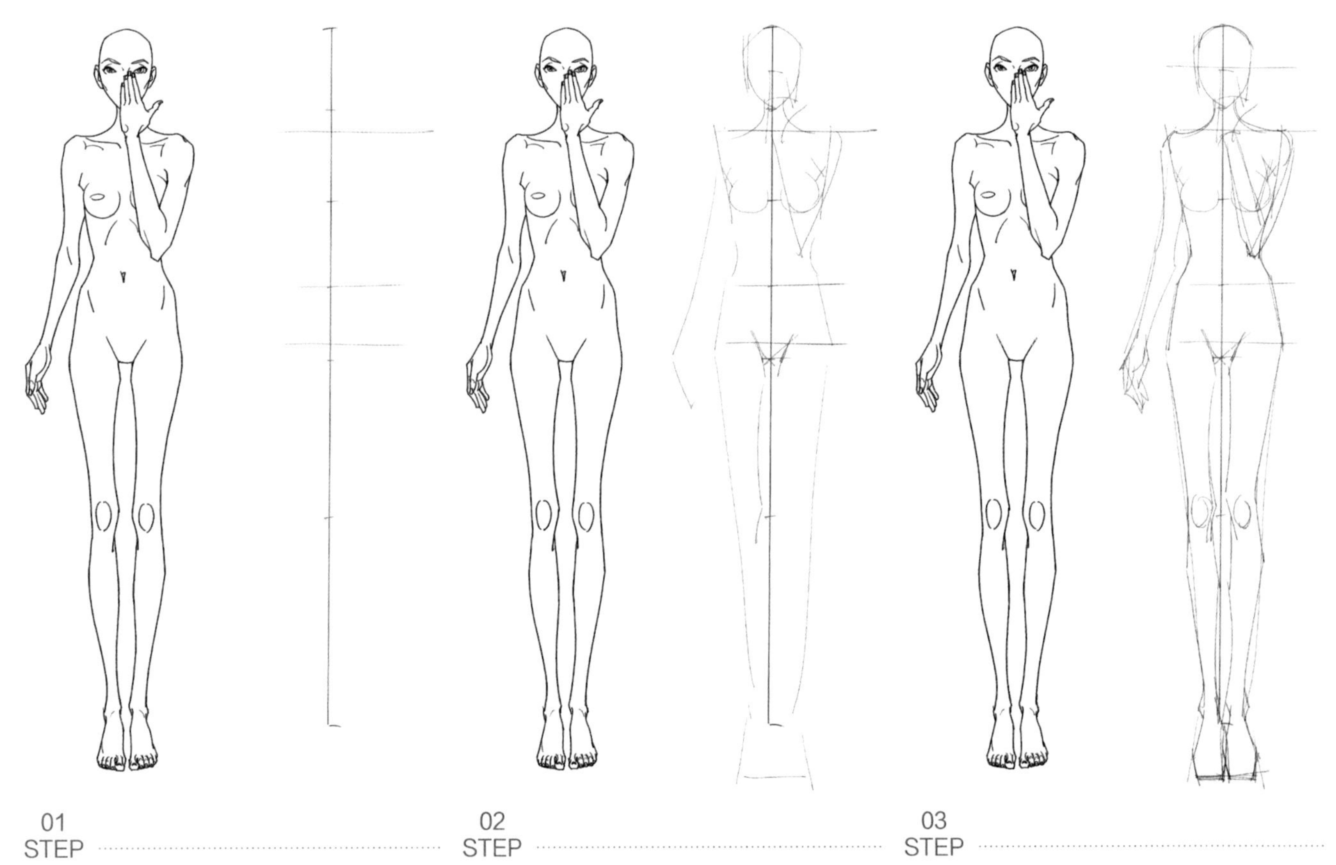

01 STEP

初级动态的站姿还是以正面（或正背面为主）动态表现为主，将某个部位做变化造型。本例是右手向右抬起，左手手掌停在脸上的动态造型。描绘的时候，首先把重心线（同样为中心线）画好，以头为单位分出必要的高度比例。

02 STEP

在高度比例确定后，用辅助线定出肩、胯和腰的宽度。注意四肢的基本形状，先别急着画，用线条表示四肢的大关系和大效果即可。

03 STEP

有了长和宽的比例位置后，就可以深入描画身体各部位的外形特征了。当然，在还没最后落实、还需做进一步调整之前，先别急着把线勾画得很深，还是以轻笔触为主。

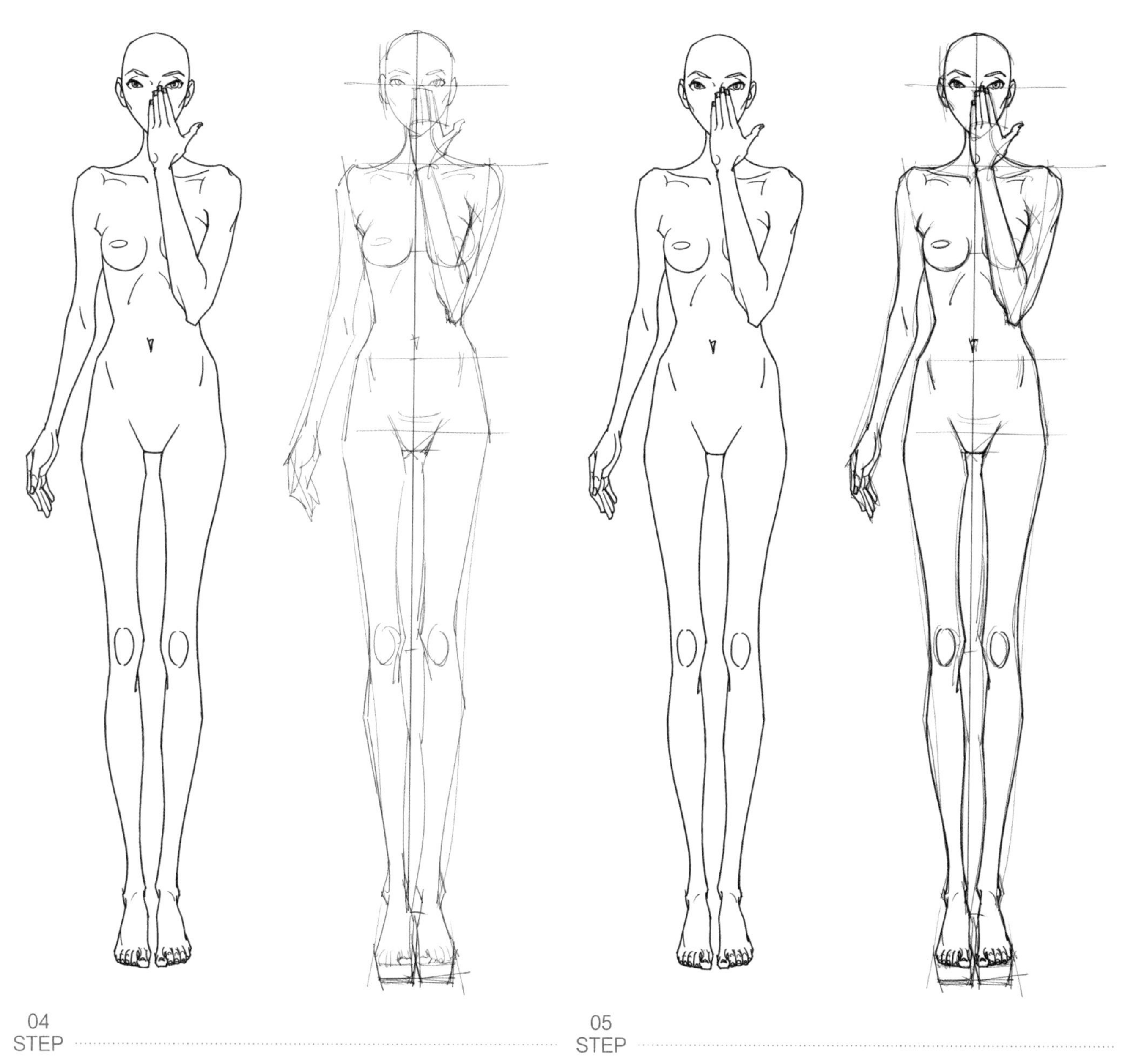

04
STEP

如果需要明确位置和外形特征应该使用长直线概括地画，然后再耐心地表现细节。一般情况下，都是以轻轻的笔触或是铅笔来描绘。完成这一个步骤，人体动态的各要素就都具备了，也可以说是基本完成了动态的描绘。

05
STEP

用勾线笔将前面绘制的线条明确勾勒清楚。在勾线的过程中，其实也是在做细微的完善和调整，目的是将人体动态的图稿画得更加的完整、美观。

同样，其他的初级动态的画法和步骤类似。只是在画的时候，抓住产生变化的部位，并注意相关联部位的相应变化，就可以自然协调地画好这类型的人体动态。比如头向侧转，脖子会有相应的改变；胸腔侧弯了，腰部也会有伸展和挤压的变化；腿向两边移动，胯也会有上下的变化等。

下面的一些示范图是常用的初级动态描绘，基本的动态变化也可以在图与图的对比中感受出来。

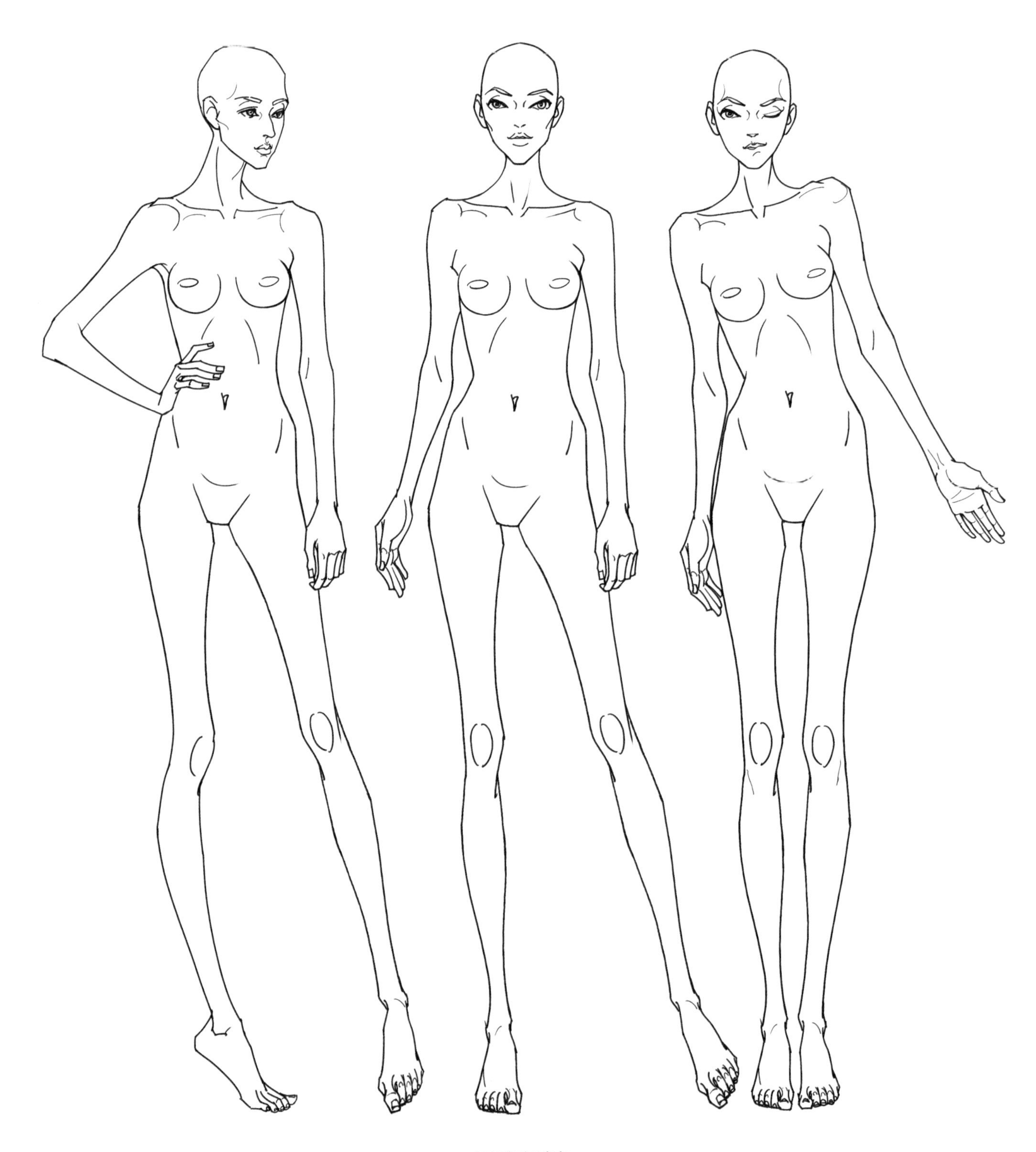

正面初级动态

正面初级动态

# 2.4.3 正视动态描绘

01
STEP

画出正面行走动态的重心线，这是描画比例和动态的基础。记得线段一定要垂直于纸面底线或者与纸面的左右两边平行。

02
STEP

在重心线上确定人体的长宽比例，主要的部位可以采用模型描画（之所以采用重心线而不是中心线，是因为重心线稳定存在，人体的中心线却会随着动态的变化而变化）。确定比例关系后，将产生的动态趋势线（红色线段）和一些关键位置的动态辅助线（蓝色线段，在胯和膝盖的位置）标示出来。注意，左右大腿的长度几乎一样，发生的变化是左边的小腿变短了且靠后了。

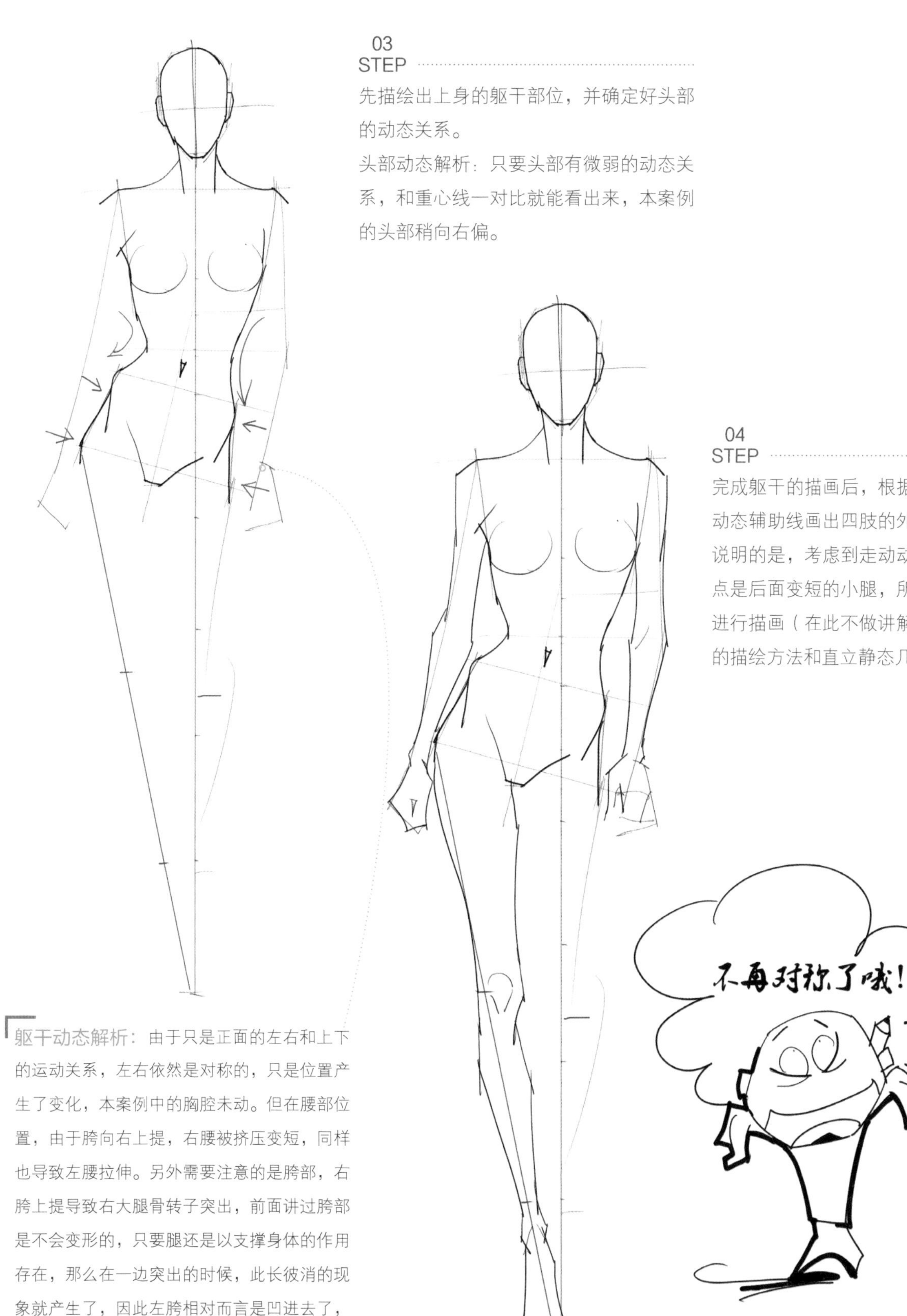


03
STEP

先描绘出上身的躯干部位，并确定好头部的动态关系。

头部动态解析：只要头部有微弱的动态关系，和重心线一对比就能看出来，本案例的头部稍向右偏。

04
STEP

完成躯干的描画后，根据之前绘制的四肢动态辅助线画出四肢的外轮廓。这里需要说明的是，考虑到走动动态的难点和关键点是后面变短的小腿，所以会对左腿单独进行描画（在此不做讲解），其他的四肢的描绘方法和直立静态几乎没什么差别。

躯干动态解析：由于只是正面的左右和上下的运动关系，左右依然是对称的，只是位置产生了变化，本案例中的胸腔未动。但在腰部位置，由于胯向右上提，右腰被挤压变短，同样也导致左腰拉伸。另外需要注意的是胯部，右胯上提导致右大腿骨转子突出，前面讲过胯部是不会变形的，只要腿还是以支撑身体的作用存在，那么在一边突出的时候，此长彼消的现象就产生了，因此左胯相对而言是凹进去了，如果胯摆得不厉害几乎是与大腿平顺的。

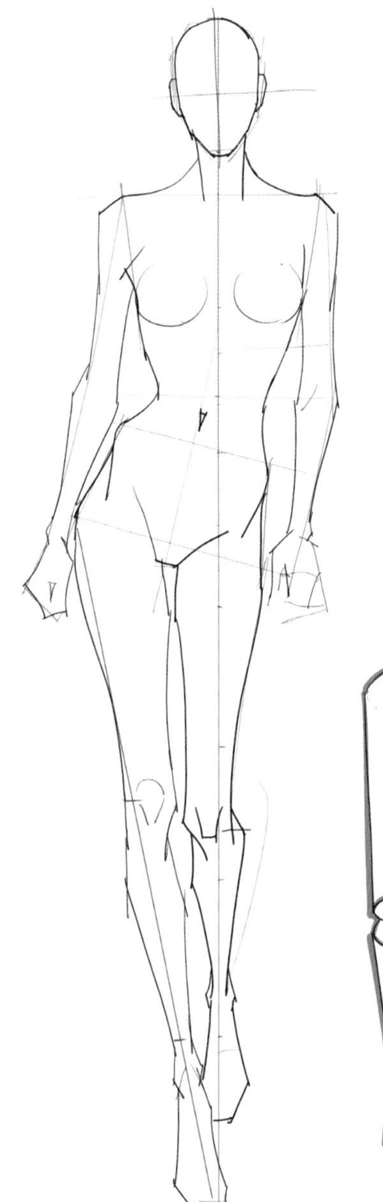

05
STEP

画出左腿的轮廓和动态造型。

动态解析：右边正在着地的腿称之为支撑腿，而左边的腿把它叫做造型腿。造型腿是离地的，处于正在行走中的状态。它是由后准备向前迈的一瞬间，而这一瞬间就是我们常说的走动动态。这个动态最大的特点就是抓住了行进中的左右腿相互交替迈步的一刻，很明显后腿处在稍微放松的一瞬间。这个时候的大腿和小腿产生了一定的透视变化，小腿由于透视效果变短了，大腿压在已弯曲的小腿上。

06
STEP

深入、完整地描画细节。在外轮廓基本完整的基础上，细化发型、五官、手掌、腿脚以及结构关系，使得人体产生美好的节奏感，画面更加生动。

与下肢后腿透视变短同理，手臂在手掌套进衣袋或裤袋的时候，弯曲的肘部会使得上下手臂产生一定的透视现象，尤以前臂为甚。在描绘的时候，我们会有意画短前臂来体现这种透视感。

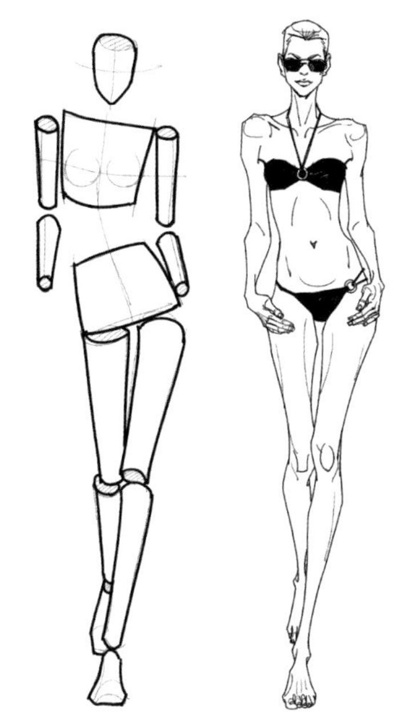

正面行走的手臂透视现象

## 2.4.4 侧视动态描绘

只要表现的对象不是平面的，都会存在透视现象。人体本身就具有三维立体空间的属性，因此不论是正面还是侧面，随时都会存在透视现象。因此，上节所讲的正面画法主要以躯干部位为主，本节主要讲解侧身（特指以躯干为主）的分析及描绘。

与比较容易理解的正面效果来对比（对称的都会让人视觉舒适），侧身的效果（特别是3/4侧面）会让视觉感到不平衡、产生动感，甚至还会有视觉焦虑。基于这样的现象，3/4侧身人体动态就可以称之为侧视动态。将它单独进行学习，是有实际意义的。

仰视效果的3/4侧面透视动态

仰视效果3/4侧面透视动态的体积模型

在画透视动态的时候，往往有很多不能理解的地方，只要把它作为一个个基本模型来分解，问题就能够迎刃而解了。因为只有概括的模型才能过滤一些表面的视觉混淆，突出关键，抓住要点。

下面再多看几个例子就可以加强这方面的认知和感觉了。

侧身转动的动态效果非常明显，最不好把握的就是转过去的那一部分。由于透视变形，在视角偏低、视平线下移的时候，人体的一些部位和我们常规所见的很不一样。如果不明确身体的弧度和透视规律，往往很容易画错，画面就会产生很不舒服的感觉。所以，画的时候先用模型草图来配合理解，并带着人体躯干是圆弧形的三维立体概念来理解，画这样的动态相对就容易把控些。

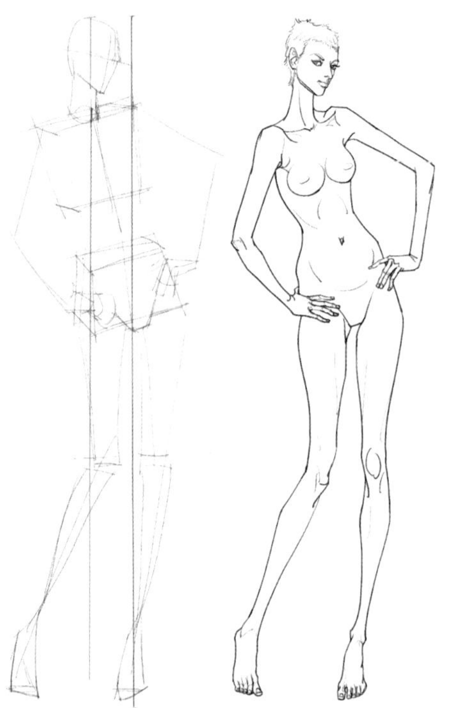

向左稍转动，肩部有上提的躯干侧身透视动态

向左下斜肩，同时左转并放松垂下右胯的透视动态

几乎全侧身的动态相对来讲是很难画的，因为完全不存在左右对称的现象，我们习惯画一边看一边的方法难以奏效，这时需要画一边看中间来做出一些参考判断。而中间在画面中不是常常需要被画出来的，也就是说画面中难以找到清楚的参考。因此，画全侧身的动态，对画者观察和感觉能力的要求就会相对更高些。

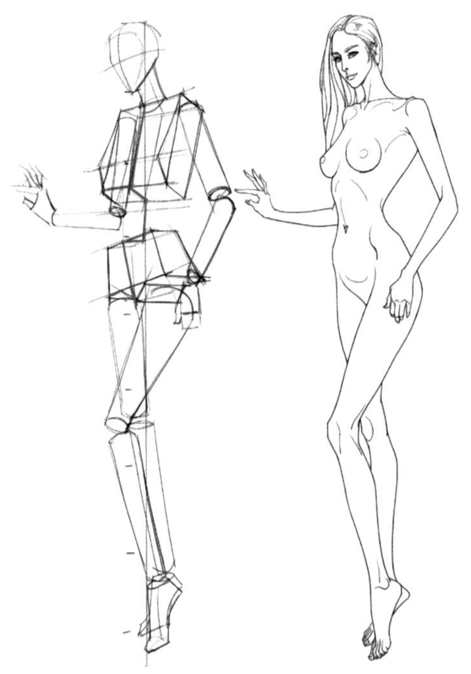

右转的1/2侧身透视动态

几乎全侧身的走动动态

# 2.5 人体动态造型形式

将人体分解成各个不同形状的体块，然后组合变化，产生多样动态的造型基础。

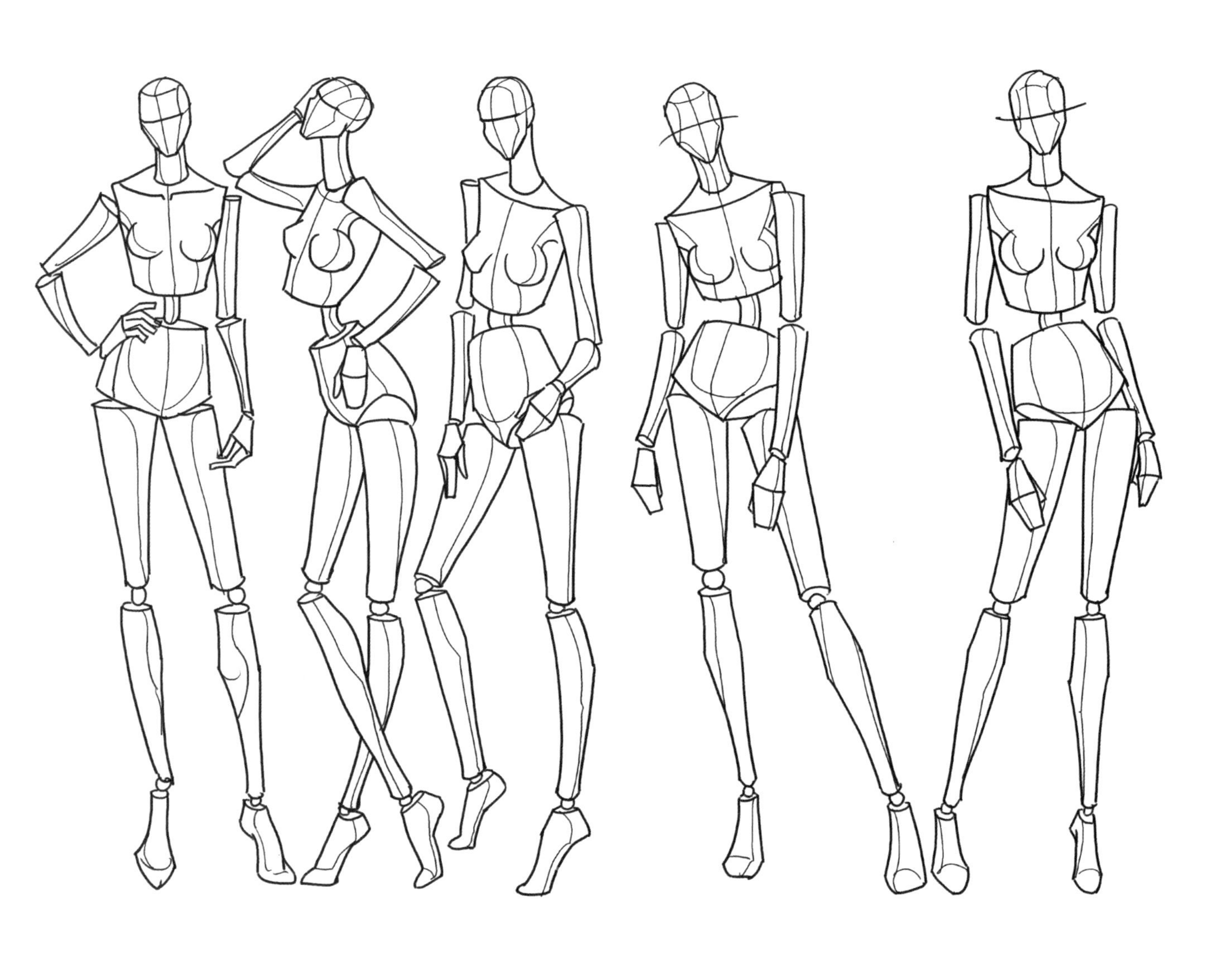

利用好模型的组合形式，有助于理解复杂的人体动态规律。

对于人体造型的变化，如果只盯住人体的整体来看，我们可以得到全身的一个动态关系和动态印象。但如果需要具体描绘出来，就会涉及到各个部位的细节了。把人体分解成模型体块，不是为了使人体由整体变复杂、变琐碎，而是为了把整体细画，但同时也是概括的细化，以此找到各部位的运动关联，掌握动态的成因。

掌握好动态比例、外形特征以及动态成因后，就可以开始进行动态的设计和表现了。可以根据自己的需要，让动态为造型服务。

在描绘时装画的时候，除了绘制出理想的人体比例关系外，还应该掌握更多的人体动态表现方法来感受时装画的魅力，通过一些表现手法来突出人体的动态和造型效果。比如简化手法、形态夸张手法等，有意识地强调描绘对象的动态关系，突出表现服装的设计效果，甚至还会为了表现设计师的个人特色，或是自己独特的设计手法、风格，而采用一种与别不同的造型，更多地凸显自己的个性。人体动态是基础，造型表现是再创作，从这个意义上讲已经进入设计的思维阶段。下面介绍些常用的动态造型表现形式。

表现不一样的人体动态造型

## 2.5.1 简化

简化，并不是说简单化得干干净净，而是说把复杂的地方用概括的手法处理，处理的时候同样还是要保留主次关系。也就是说我们在描绘上，为了保持画面的层次感，有些地方需要简略，而有些地方可以适当地深入描绘，根据需要把想法描绘出来，而不是平平淡淡的平均主义，这不是简化的初衷。

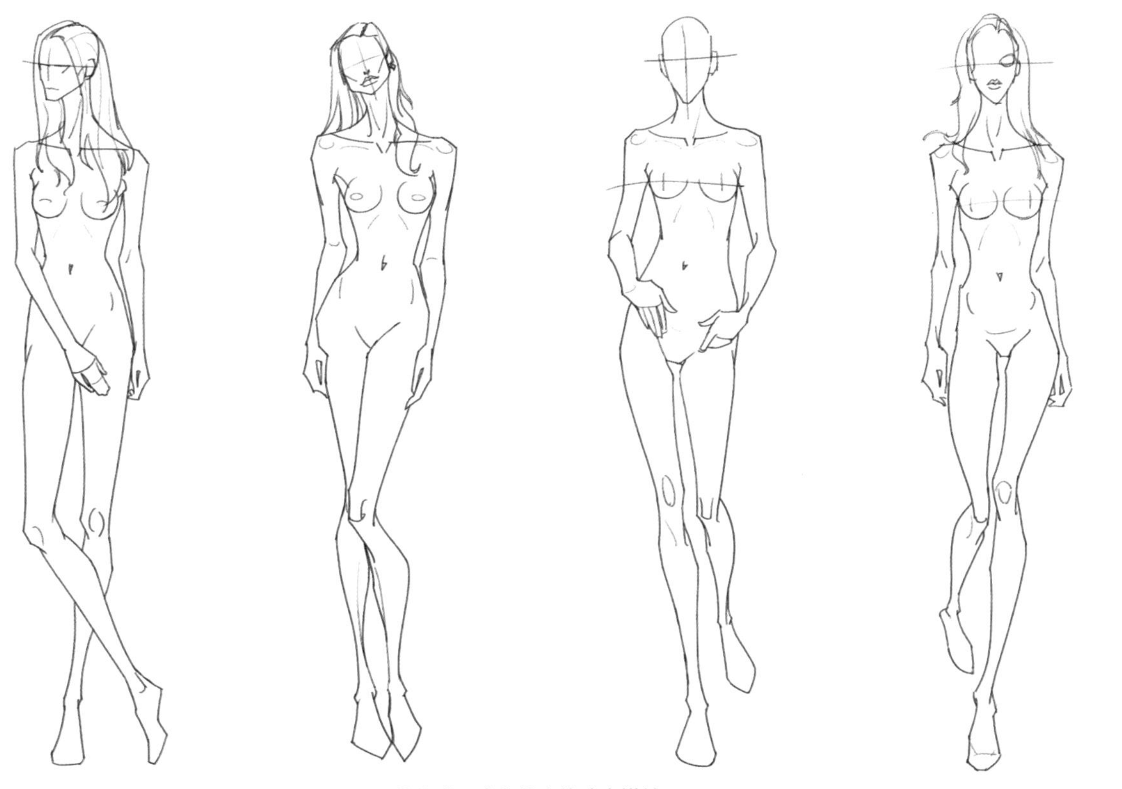

简化或程式化的人体动态描绘

### 简化人体动态描绘

在简化前首先要对对象进行分析，对画面要求做出构想，有了基本的简化方向之后再开始描绘。

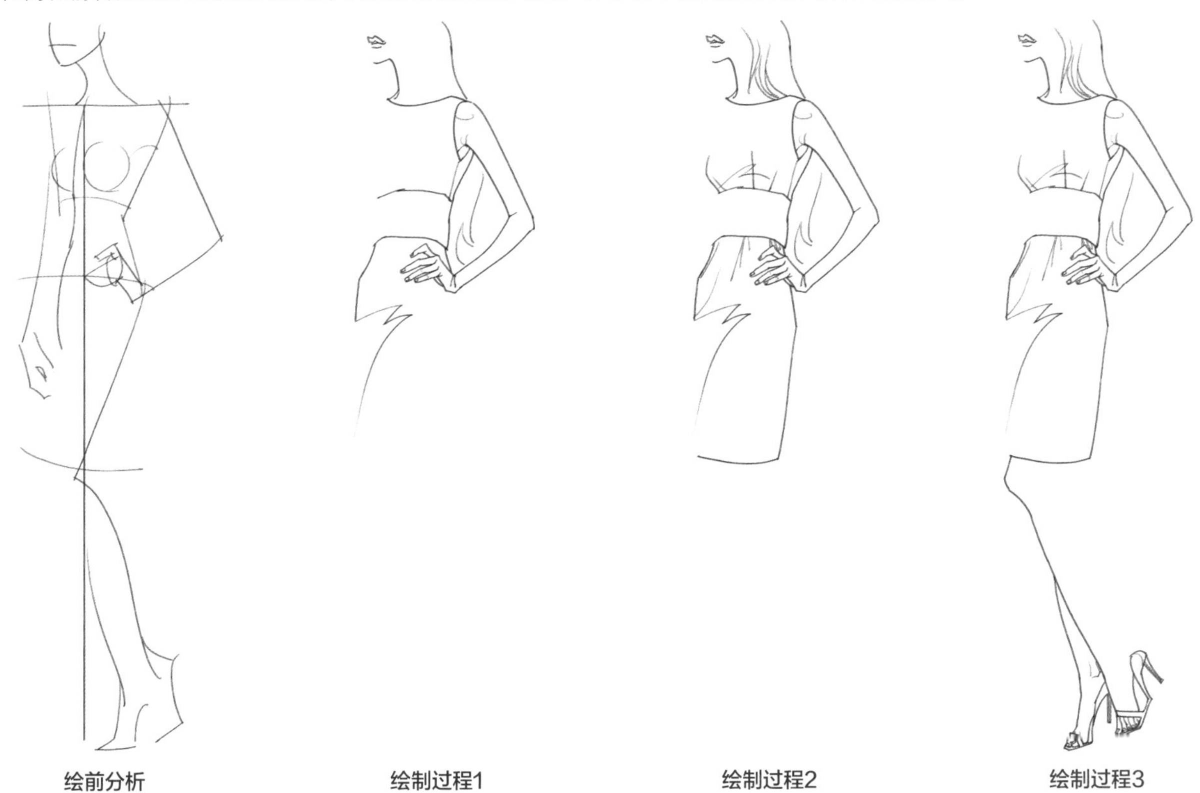

绘前分析　　绘制过程1　　绘制过程2　　绘制过程3

简化描绘，可以说是对对象的概括，也可以说是对画面效果的取舍、省略，还可以理解为对对象描绘的技法形式，比如说程式化的细节描绘（包括五官、四肢、鞋帽饰品等）。简化描绘对所表现对象的宗旨是不求全，但求正确的含义表达。

## 2.5.2 夸张

夸张在时装画的艺术表现形式中是最为常用的。夸张的尺度一般是根据设计的风格、服装款式的品类特点来决定的。有时偏向于风格的体现，有时偏向于品类的使用方向。比如日常生活装，往往人体的造型比例和真人接近，或是直接与消费群的定位一样，如孕妇装、胖人宽松服等。假如是时装、前卫服装、创意型设计，或者婚纱礼服等，都会把比例或者造型特征加以强化，来表达出相对应的服装属性要求，使设计强化或者让观者感受强烈，印象深刻。

不同品类和设计风格的夸张描绘

## 夸张人体动态描绘

01 STEP 在画时装画之前，首先要分清楚时装画对象的风格定位，这是决定时装画风格效果的关键方向。明确以后，根据这样的感觉来决定人体的动态造型风格。本例的款式图是一款黑白对比效果的分割连身裙款式，黑色部分的图案抽象，整体给人以前卫的感觉，分析得出为简约风格。

02 STEP 根据以上分析，决定以直立动态、左右对称的构图效果来表现这个款式的人体着装效果，对称效果给人的感觉是形式感很强。计划使用无表情的头部五官，营造一种酷酷的画面效果。把这个感受以草图的形式勾勒出来，在计划动态的同时也在构思着款式的表达。草图随意描画，直至找到满意的感觉为止。注意画上的重心线，时刻牢记这是左右对称构思草图。

03 STEP 初学者建议在草图的基础上将人体的结构动态先画出来，这样做不仅仅是为了画图，也是推敲和设计的过程。本例是将人体动态设为静态直立人体，双手放进款式两侧的口袋中。根据个性前卫的风格来设置10个头长的夸张比例，将四肢画成瘦长的感觉，采用的是程式化的描绘方式，包括透视的两前臂。

04 STEP 根据画好的人体动态效果，将款式“穿”到模特身上。款式简洁，模特的描绘也很简洁。将主要的款式结构都表达清楚后，适当补充一些衣纹效果，使画面显得更加自然。注意，画面头部及五官、四肢等的表现，和服装的简约潮流风格要统一、贴切，这样画面才容易显得完整。

05 STEP 在完成人体动态的线描稿后，加入一些提高画面层次效果的款式肌理图案以及一些光影感觉，并适当、有主次地深入描画，调整时装画的最后效果。任何一个过程都不要忘记第一步刚开始的分析，努力协调，最终才能更好地完成每一次的时装画。

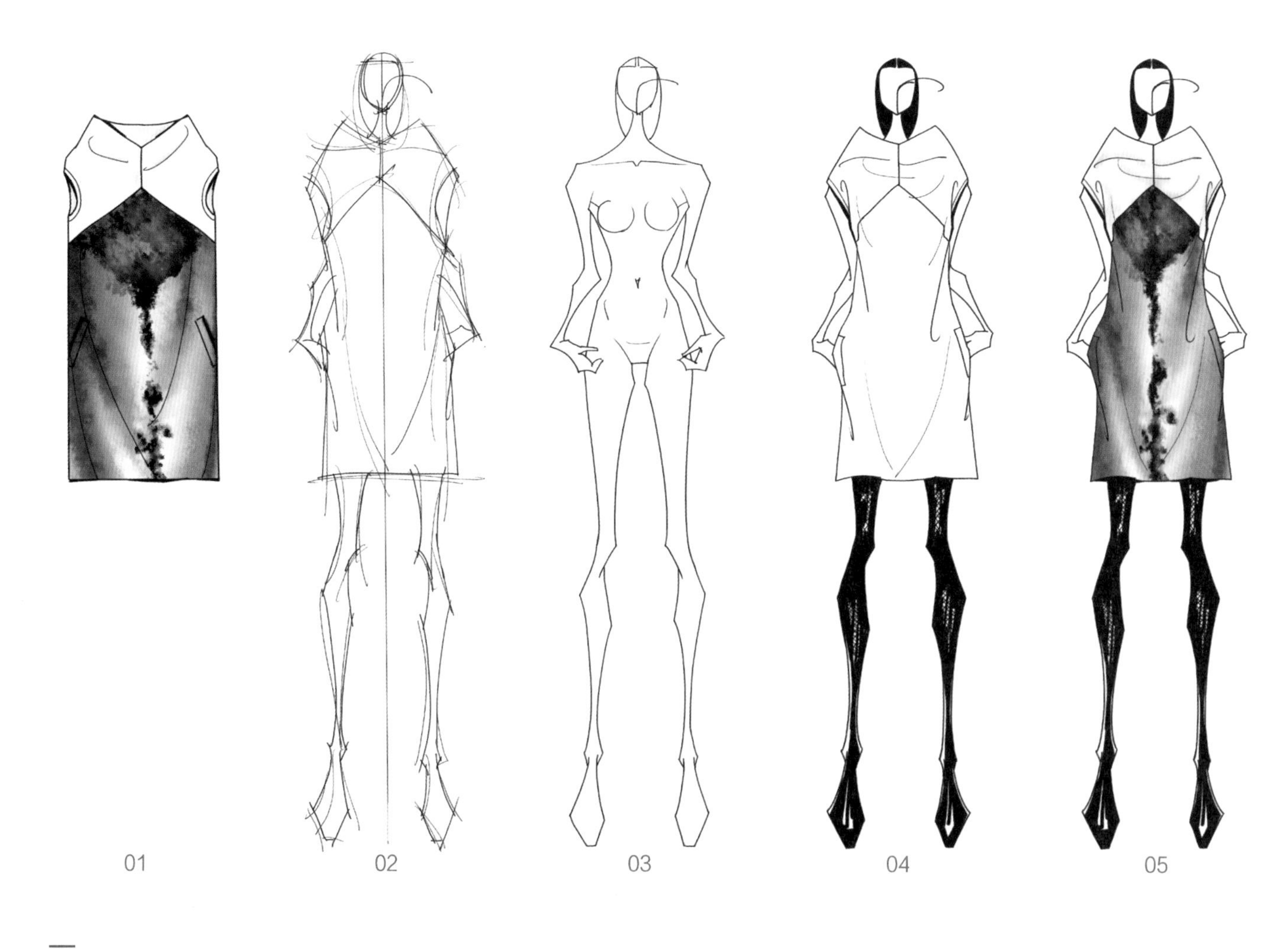

在示范步骤的描画内容中，始终以款式风格为确定动态夸张变化的唯一依据。

夸张的手法可以从比例入手，比如拉长、变粗、变细等，夸张关节、夸大骨骼结构的整体效果等，都可以达到夸张的目的；也可以从人物的表情中体现，有时是有五官的情感表达，有时却是没有五官使人产生联想空间，达到此处无声胜有声的效果。

## 2.5.3 强调

强调作为时装画的表现手法包含着两方面的含义：一是通过一些动态来突出款式的设计重点，使人一目了然；二是加强突出动态的表现效果，以强烈的形式增强对动态的注意以及产生对服装表现的印象。

作为设计点的加强说明，在图画里会有相应的动态和角度来进行展示。当然，这个动态可以是任意的人体角度，根据实际需要以理想或是变形的造型表达。如果是一般的动态，我们就很容易掌握。但往往会有那么一些设计点是在我们不太注意的位置上，比如后背、后侧腰等。假如以那样的动态来描绘，对于大部分人来说就是一个生僻的动态，如果没有练习过就很难进行准确的绘制，比如下面这个动态例子，算是很生僻的了。

这样的动态很少用，除非真的需要，否则应该尽量避免。它涉及到的难点很多，扭动变形及透视现象严重，腿部和胯部的摆动很少见。当然，我们还是可以使用模型的分解来获得帮助，这样画起来相对会容易把控些。

下面的例子则是有意强调人体的动态，把动态适当地夸张使观者对此产生深刻的印象。

**生僻动态，特殊造型**

**正常的普通动态经过有意识地强调使人印象深刻**

## 2.5.4 个性化

人体的动态造型描绘，最终是为了表现好服装的风格。可以这么说，有多少服装风格的表达形式，就会有多少种人体的造型效果与之相对应。不同的设计师具有不同的设计思维和对时尚的解读，同样在造型上也会有自己的见解和喜好。当我们已经掌握好了人体的基本构造和绘画形式以后，就可以根据自己的个性风格设计出符合自己需求的造型来，也就是为自己创建一个专属模特。

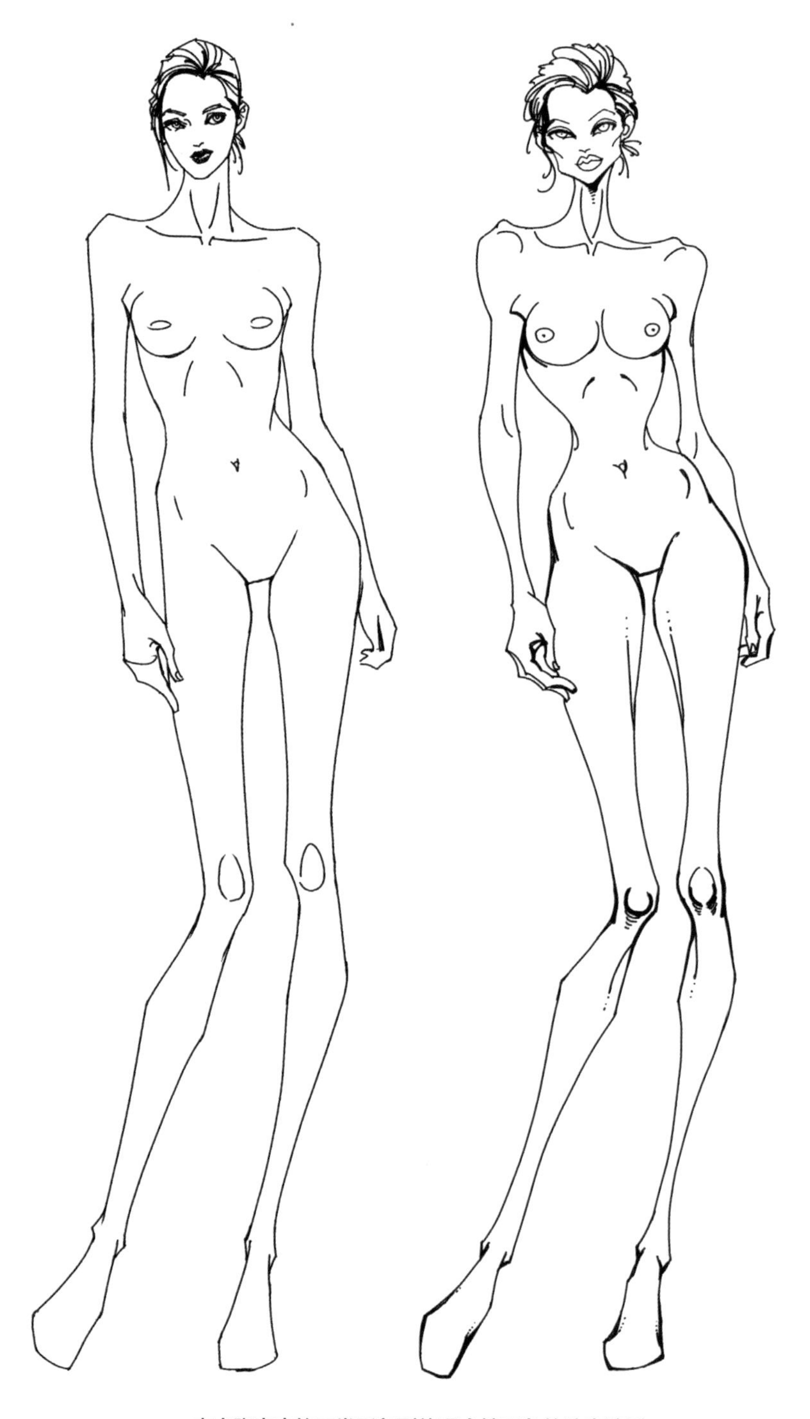

**由夸张高度的正常形象到体现个性形象的动态造型**

无论个性的造型如何设计变化，都要体现最终效果的完整性、协调性。不能给人的感觉是变化后的各个身体部位是不相关的，无法自然形成一个完整的形象，那么这就不是个好的造型设计。

**完全不按常规比例的变形到部分正常及部分反常理的结合**

个性并不是“怪”的造型设计，应该是有特色的概念，就是要与常规所见的不一样。个性的含义很广，只有在对正常人体完全掌握以后，再来讨论个性的问题才会容易很多。比如下面的两个图例，左边的模特造型故意夸大胯和大小腿，但上身又很小，整体却不显得瘦，而头部的描绘一下子给造型赋予了时尚效果；右边的模特以瘦为特征，而在头部使用抽象的画法，使得整个表现既摩登又时尚。

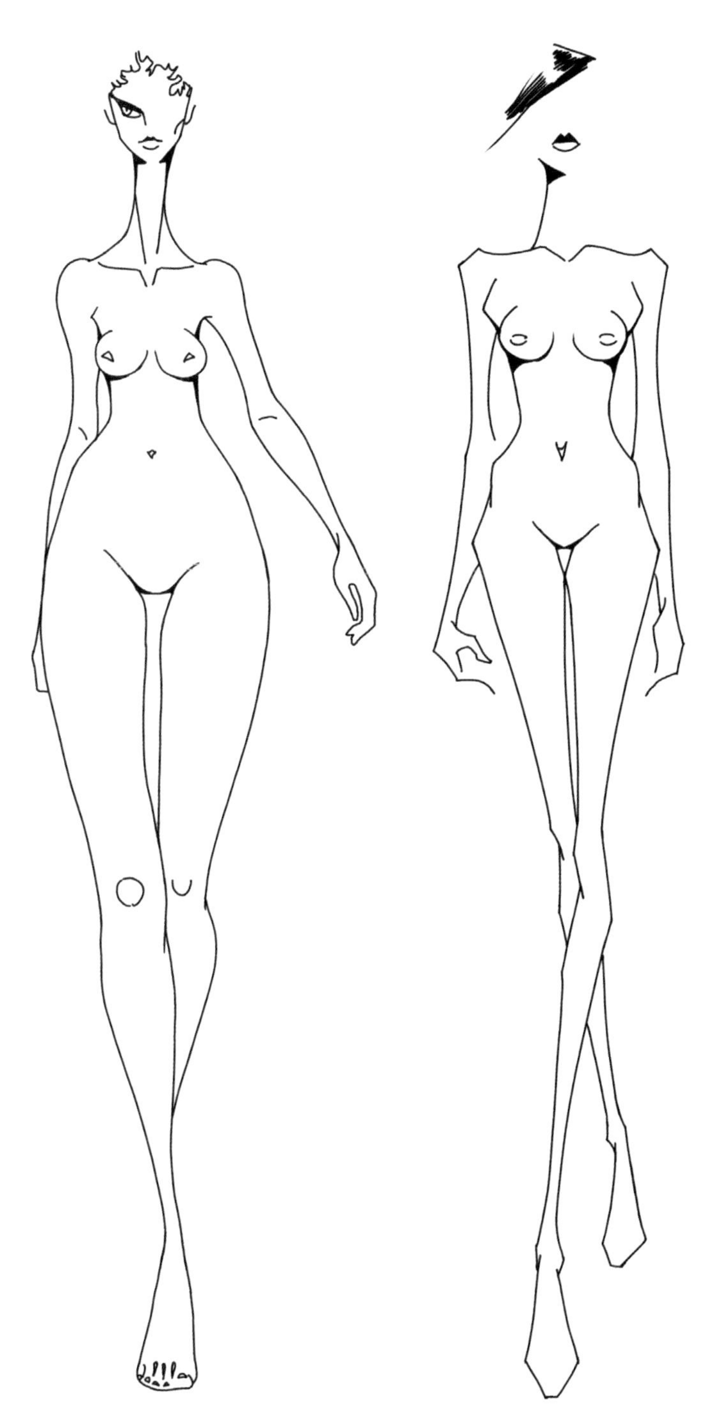

个性也好、夸张也罢，无论是简约描绘，还是深入刻画，在进行动态的造型变化和创作的时候，都是建立在常规人体比例之上的。问题来了，是不是要坚持最初的比例关系呢？当然不是，不过也要清楚，先立后破才是最好的方法。但是，创新就必须有所不同，解放思想、摆脱束缚，所以才会立破结合。要做到收放自如，才能一步步地走向突破创新。

# 03 人体着装线描技法

服装设计师在进行设计创作的时候，使用得最多的技法是线描。这是由于线描技法具有简洁明了的特点，非常容易就可以把想法快速地记录下来，因而大受欢迎。本章将重点讲解服装设计如何用线描的方法来表达时装画，如何记录设计师的创意和灵感。

# 3.1 线描的意义

世间万物皆有形，而形实际是以面的形式存在的。人类想在平面的纸上描绘和记录三维的实际状态，必须得有个转化的形式才可以实现。因此，空间与线就成了画者手中的工具。

从整体的历史艺术范畴来看，东方更多于趋向于线和意的描绘，西方更注重体块和结构。本章所谈的线是结合东西方的概念来阐述的。以一张白纸为例，其实这就是一个无限大的空间（可以向内无限延伸，也可以向外无限扩展），在这样的一个空间里，线条的出现定义了范围，这个范围是形和体块存在的基础。刻画出来的形态，使我们获得了视觉的停留，让时间和空间凝固在了这一瞬间，这就是线条描画的魅力。

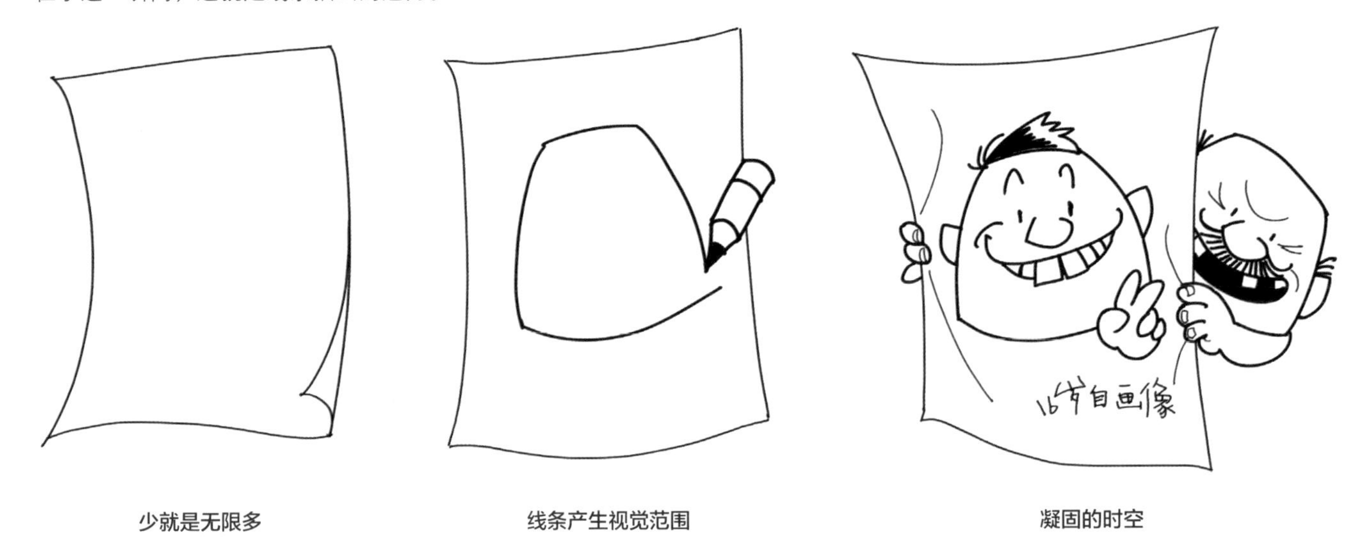


少就是无限多　　线条产生视觉范围　　凝固的时空

通过上面的学习可以看到线描有效地概括了所描绘的对象，将繁杂的物体外形有效统一在一个整体的、简单的廓形中，能够体现出物体的主次，使层次清晰明了。一根线，其实就是一个面，是一个面的最大概括。好的线描既能体现结构和形象要素，也能让观者强烈地感受到描绘对象的空间存在形式。

下图是款式之间的搭配，以及人体与人体着装的线条所营造的视觉空间范围。

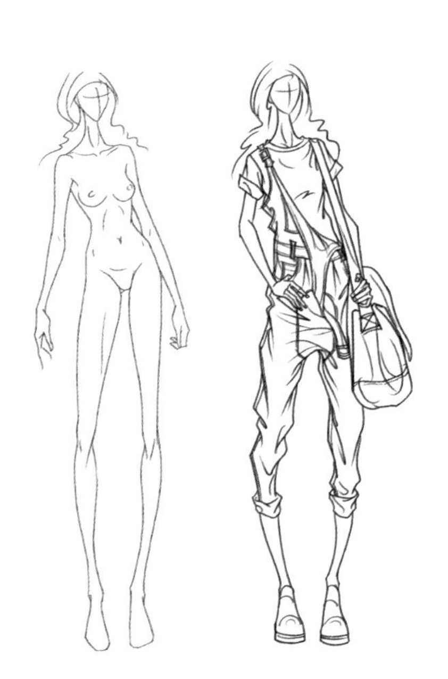

# 3.2 线描的速写训练

在时装画的外形描绘中，使用线条的机会最多。想要画好线条，锻炼的方式、方法也很多，这里主要讲解如何通过速写的方式练习线描。时装画属于绘画的艺术形式之一，同样也遵循绘画的审美和训练方法。线条绘制是一种技巧，不仅是设计师、画家的情感表达，同时也是感染观者的最佳方式。

## 3.2.1 速写的作用

速写，顾名思义是一种强调“速度”的短时间描绘方法。简单来说就是快速抓形、快速描绘。速写在绘画中的作用主要有以下几点。

学会概括——学会抓大体概括复杂的对象，从而突出主体和重点，提高设计师的主次判断和概括能力。

提高技法——以线和面的形式进行表现，下笔要肯定干脆，提高描画技法。

促进创意——有意无意地描绘效果，更好地锻炼艺术表现力和创造力。

### 1.学会概括表达

通过这样的基本练习，能够加强设计师观察能力、表现能力（线条的使用、结构的表达、服装的体现等）的锻炼。建议在训练初期不要用活动铅笔画，用普通的铅笔画更好，因为削过的铅笔有侧锋，可以用侧峰画出辅助线，甚至可以形成一个面的色调效果，笔尖可以用来勾画细节和轮廓。

## 2.提高描画技法

不管是画家还是设计师，都会吸取各种灵感素材作为自己的创作元素。线描在这方面具有得天独厚的优势，具有方便、快捷、随心的记录功能。

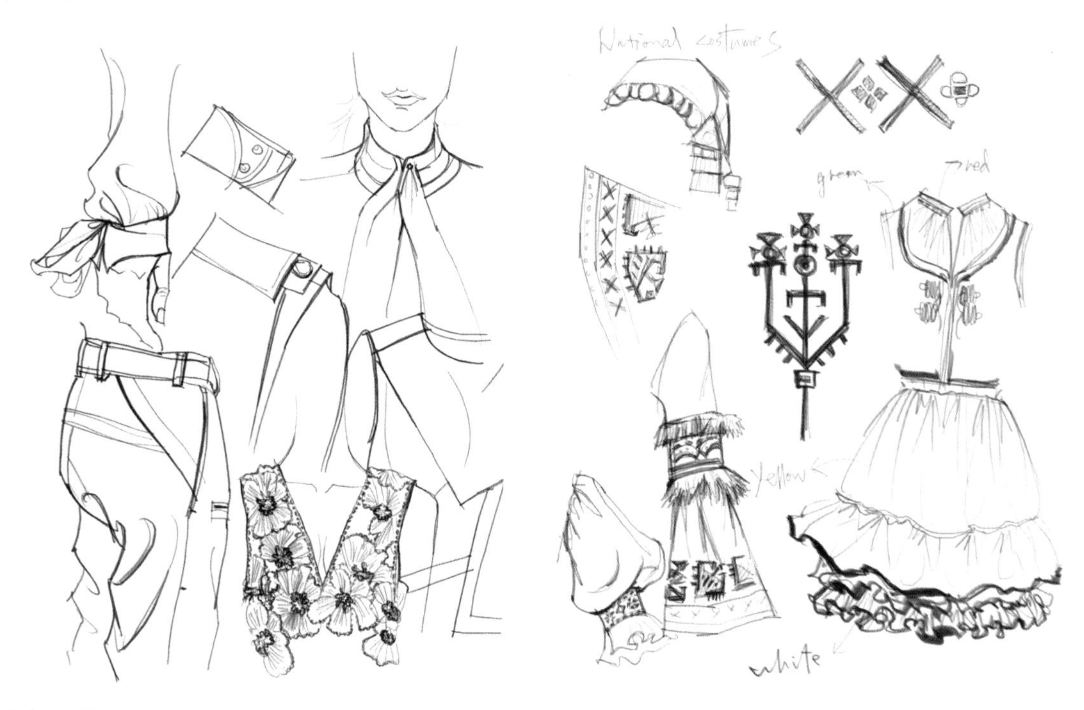


## 3.促进创意思维

除了收集素材，在进行素材整理、思维梳理的时候，线描同样具有无可替代的有效记录功能。对于设计师来说，除了文字，采用图像线描记录的形式应该是最多的了。

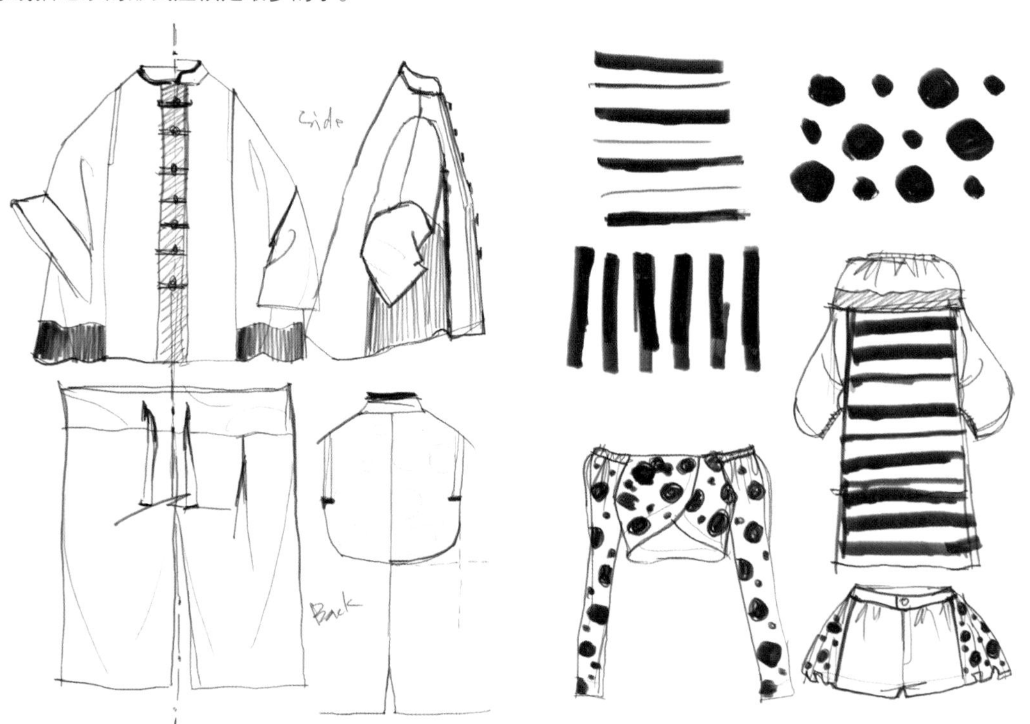

## 3.2.2 速写的线条形式

速写是服装设计师整理构思的主要表现形式，同样对于时装画的效果表现和线条运用能力的提升起到了很大的促进作用。

一般对于线条的理解就是粗细一致的一根线段。其实在速写表现中，线条的形式非常丰富，有单线和复线，细线与宽线，曲线、方线以及曲直交替变化的线段等。不同的线条能够起到不同作用，传达不同的设计意图和情感。

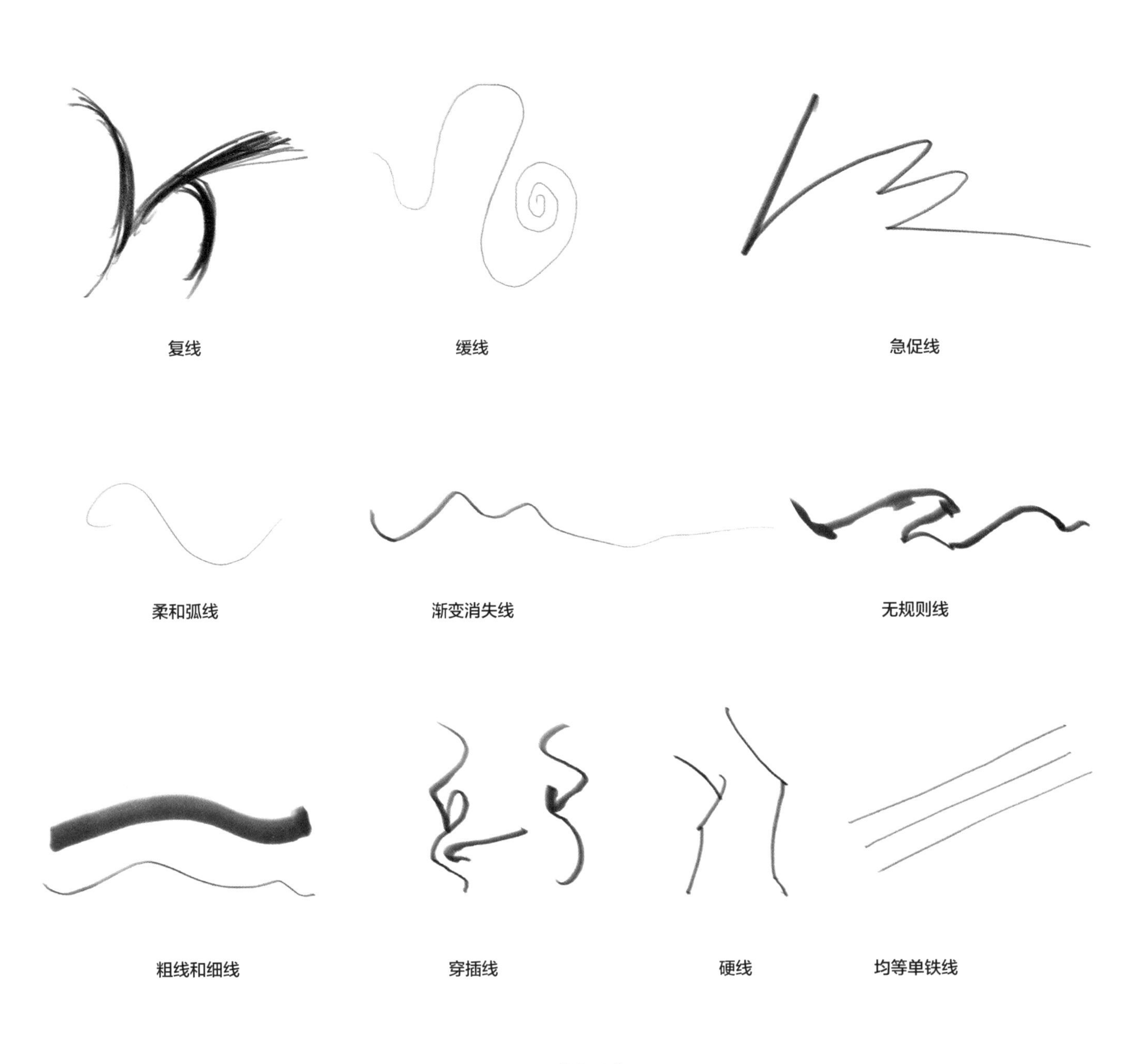


线条形式

线条的应用

## 3.2.3 速写的方法

速写表现对于工具和纸张并没有太多的要求，在任何时间段、任何地点都可以进行速写的描绘练习。在描画之前，首先要从整体着眼，快速观察对象，努力将大形和动态记忆在脑中，然后以默写的形式将所见的物象描画出来。

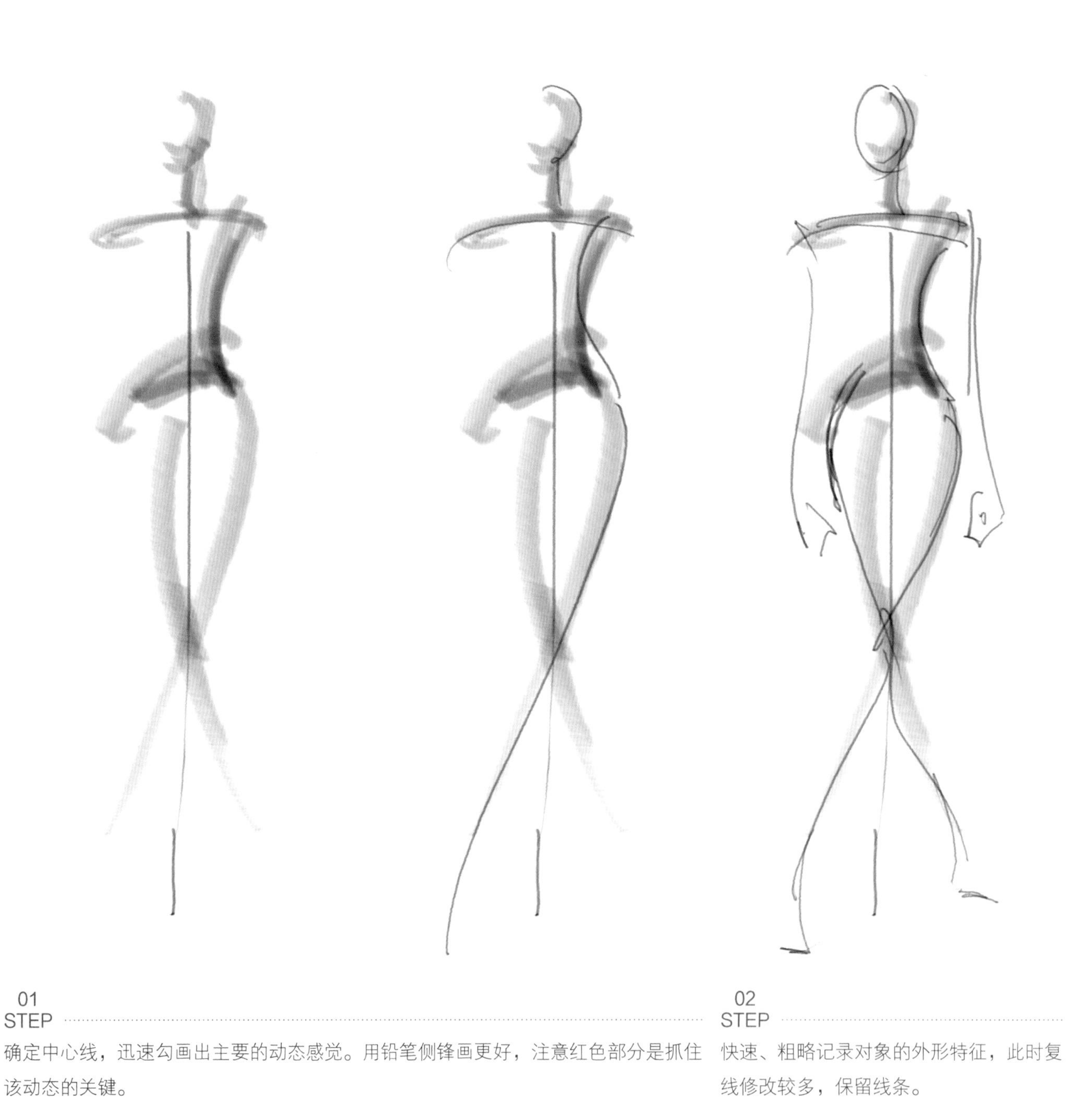

01
STEP

确定中心线，迅速勾画出主要的动态感觉。用铅笔侧锋画更好，注意红色部分是抓住该动态的关键。

02
STEP

快速、粗略记录对象的外形特征，此时复线修改较多，保留线条。

速写不为求全，所描绘的对象以印象为关键，无论是单线表达还是复线描画，尽量不要用橡皮擦掉。逐步做到心中有物，下笔肯定。在这样的训练下，不断地提高观察能力、强化绘画表现力。由于在训练中线条的使用频率很高，随着练习的增加掌握线条的能力也会愈加娴熟。另外，为了更好地提高用线的修养，多欣赏书法，特别是行书和草书，能够给用线以启迪作用。

03
STEP

画出基本的比例和四肢动态辅助线。

04
STEP

根据记忆和常识画出对象的结构和服装印象。

05
STEP

强调印象深刻的视点，弱化概括次要的地方。

# 3.3 款式展示图的画法

## 3.3.1 款式展示图的作用和基本描绘形式

款式展示图，就是将服装以相关的形式展示开来，直接强调服装的结构和细节，达到开宗明义、一目了然的作用。款式展示图是作为时装画或是款式效果图的一个辅助说明，起到设计师和其他合作伙伴沟通方便、保存资料的作用。

时装画和效果图能够传达服装设计的搭配风格和着装理念，而款式展示图则是面面俱到地告诉我们设计款式所包含的具体内容是什么，两者是相辅相成的。

对于时装性或者说原创性强的服装设计，设计师往往会以时装画的表现形式寻找和推敲设计的搭配方案或是系列的规划构思，通过不断调整，找到自己满意的方向。这其中包括廓形、比例、类别、色彩和风格等设计要素，之后再辅以款式展示图更加清晰地说明设计细节和要求明细。时装效果图加款式展示图的表现形式，在服装创意产业中特别是以独立设计的创意设计中是很普遍的草稿表现形式。而作为已经较为成熟的风格或是有明确品类的稳定开发的品牌和企业的款式开发，则更多的是用到款式展示图的形式，只要说明具体的款式（变化）要求就可以了，因为公司的生产服装类别中已经有了一段时期内较为稳定的尺寸版型。设计师只要说明设计细节的变化，选择怎样的面辅料就算完成款式的设计概念了，而剩下的工作则由相关的合作伙伴根据面料风格决定使用何种基础版型，再调整相应的纸样版型。因而在这样的服装企业里，设计师只要掌握好款式展示图的画法就足够了。

款式展示图的画法一般分为平面图示画法、平铺画法、人台及垂挂画法、随意画法等。下面针对这几种画法做基本示范，加深了解。

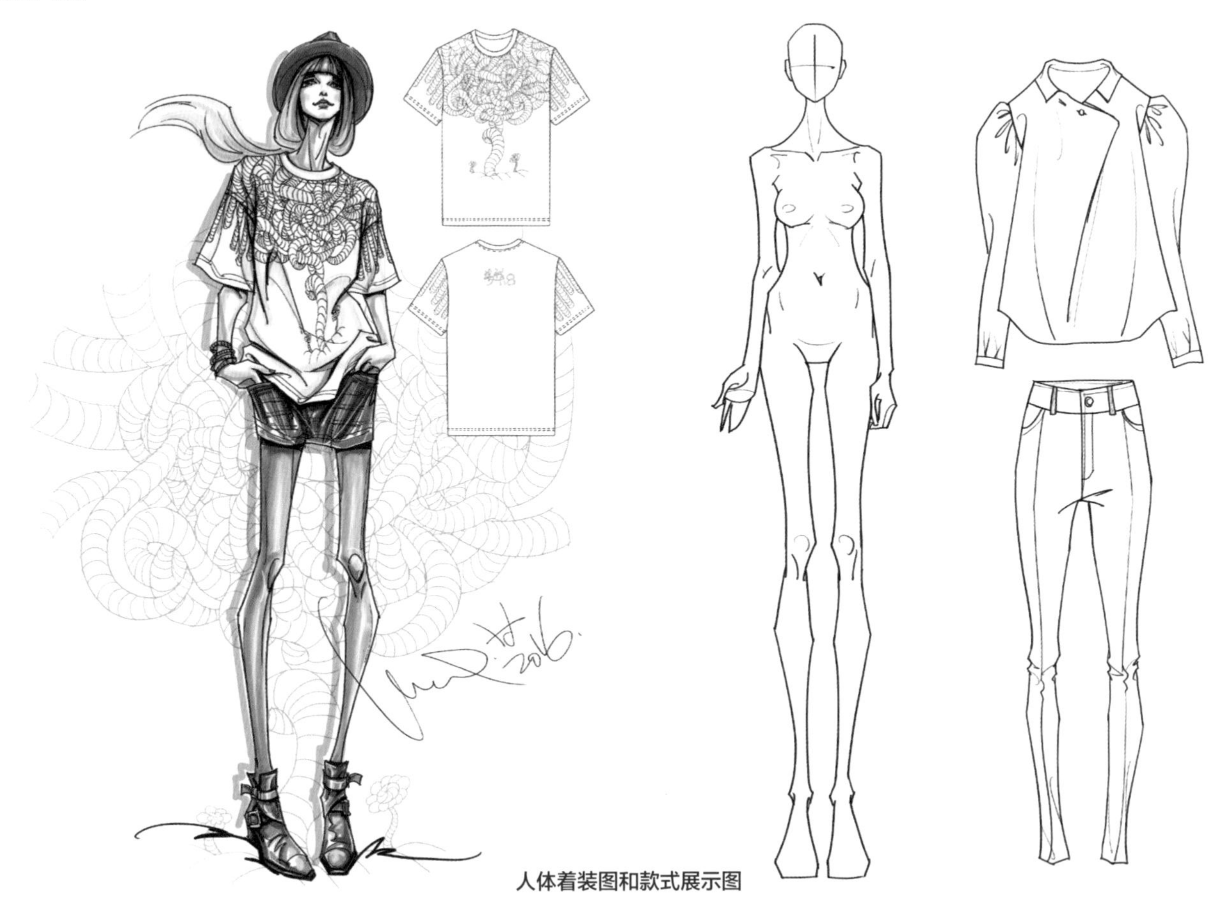

人体着装图和款式展示图

## 3.3.2 款式平面展示图的画法

服装是为人服务的，而人体是对称的结构，因此服装基本上也是以对称的结构而存在的。在画服装平面展示图时，同样遵循着这样的一条原则，即对称描绘，在这样的基础上去延伸出变化的、非对称的其他描绘方法。

款式平面展示图是设计工作中最常用的款式描绘方法，确定款式的风格、版型尺寸后，设计师可以把更多的时间和精力用于推敲具体的款式构思。款式平面展示图就类似于将款式平摊在台面上，具体的长宽尺寸一目了然。

基本对称款式图的细节描绘方法

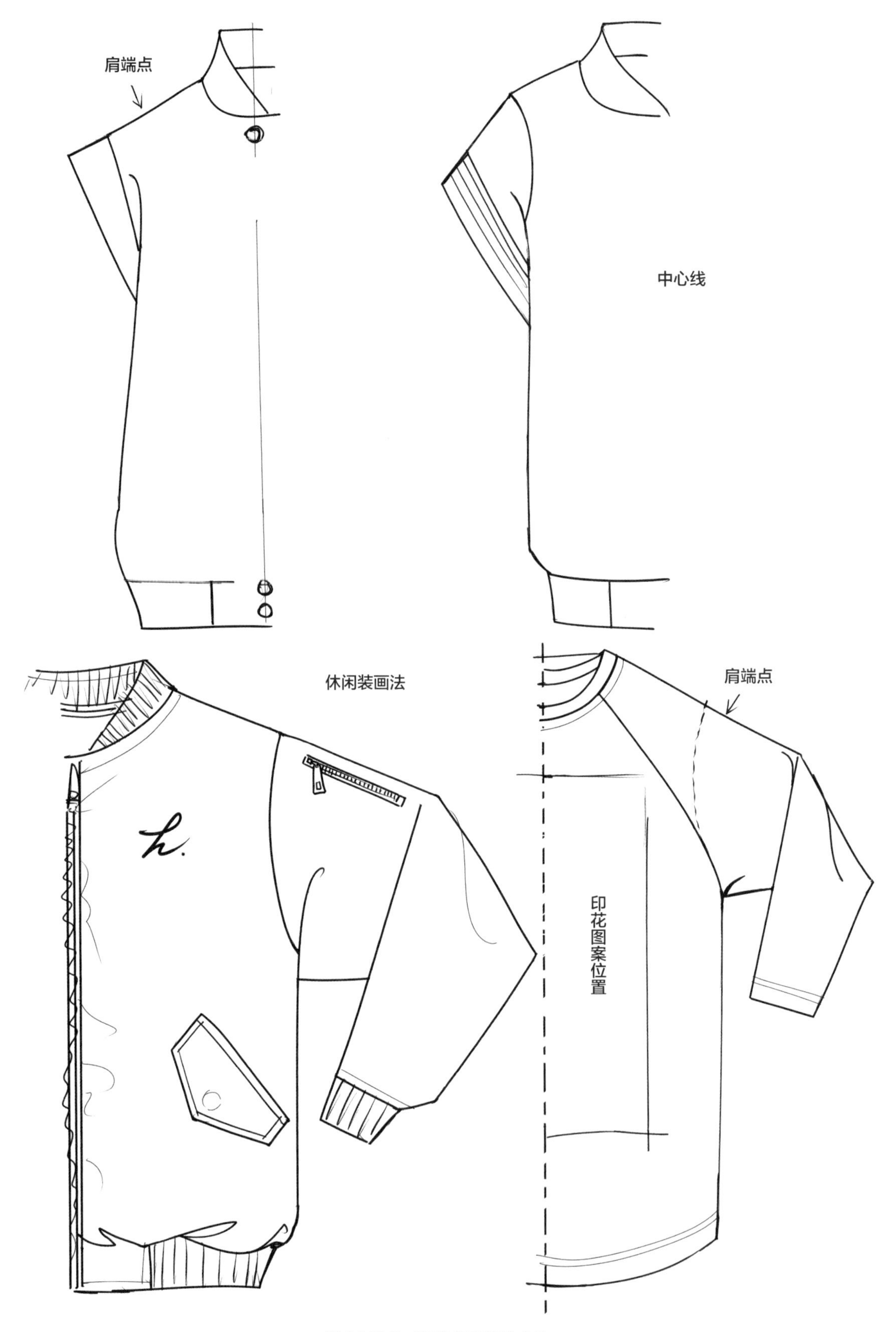


基本对称款式图的细节描绘方法

基本的对称款式图的细节描绘方法

基本的对称款式图的细节描绘方法

## 3.3.3 平铺对称款式画法

平铺对称款式是一种平铺台面或是一般衣架挂起的服装款式形式。

01
STEP

先定出中心线，画出衣服的长宽比例辅助线。

02
STEP

将衣服的基本比例轮廓形用长直线概括画出。

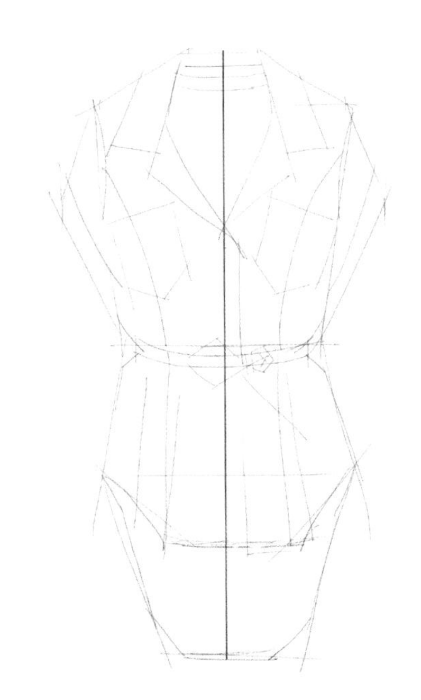

03
STEP

在大轮廓线的基础上，确定款式的内部细节位置。

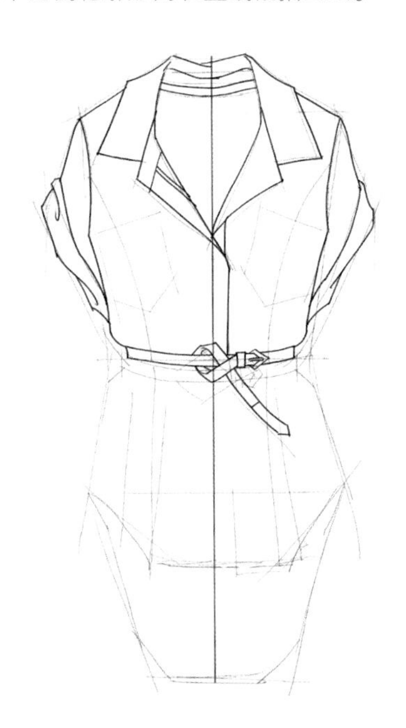

04
STEP

有了基本的位置比例后，就可以按照先大后小的顺序勾画款式。

05
STEP

继续深入，注意左右对称。

06
STEP

整理完成。注意主要的结构线和细节部位要用粗线表现，次要的部位用细线描绘。

## 3.3.4 非对称款式画法

这种画法是在对称的概念基础上来进行变化的。

01
STEP

画出中心线，并确定款式长宽比例位置。

02
STEP

用长直线淡淡画出款式主要的关键轮廓，注意有对称的地方。

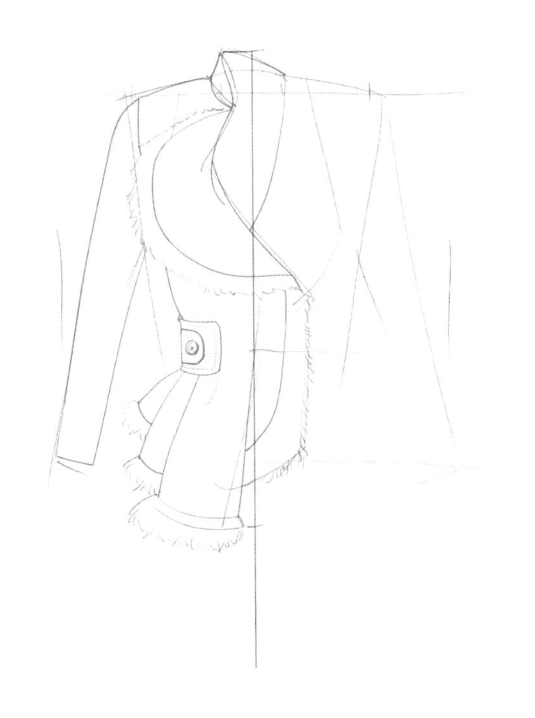

03
STEP

在大概画出对称的部位后，描画不对称的细节。

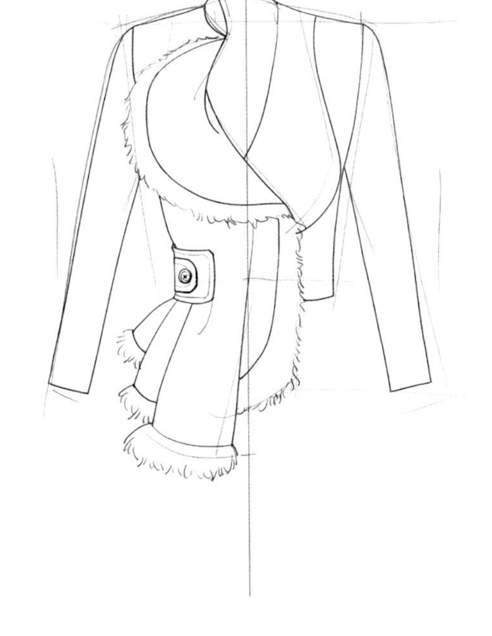

04
STEP

即使款式是不对称的，也并非全部如此，要注意左右的对比观察。

05
STEP

深入描绘细节。记住，款式的不对称只是表面，要用对称的方法进行对比才是关键。

06
STEP

完整描画，可加入点层次感和一些淡淡的衣褶效果。

平铺画法之非对称款式图

平铺画法之非对称款式图

平铺画法之非对称款式图

## 3.3.5 人台款式展示图的描绘

人台款式展示法，就是将款式放到人台上的静止展示效果。由于人台本身就是一个立体的空间形式，展示在人台上的衣服同样有成型的立体空间。款式的起伏比较符合人的视觉习惯，它不是平面的，因此人台展示法的款式图示对于纸样结构的比例把控就要适当地加入实际的尺寸变化了。

具体的人台展示法的描绘步骤和款式平铺对称展示、非对称款式展示的步骤和描绘方法相同，这里就不一一赘述。基本都是要掌握好中心线，确定好大的比例关系之后再深入描绘和表现款式的特点和设计细节。只是在画款式的意识上，是主动有意地将款式套到人台的立体效果中去，注意把握好款式随人体起伏所产生的立体效果就好。

**款式的人台展示画法**

## 3.3.6 自然随意的款式展示描绘

自然随意的描绘方法指的是，将款式的内在含义也表达在款式的展示里，比如它的功用性、时尚感觉、面料特点，甚至也会去暗示它的人体着装状态等，颇有动感的款式展示效果。这种款式图比起完全的静态展示多了些人性化的东西，让我们仿佛看到了一件已经成型的衣服。不过，虽说看起来是种随意自由的描绘，但这样的描绘形式更需要较好地掌握人体结构和动态认知的基础能力。要掌握这种形式，至少要熟练了以上所述的画法的基础上再去进行，就可以很好地过渡到自然随意的画法了。

一般来说，自然随意的画法更适合用于一些休闲和比较时尚的款式。

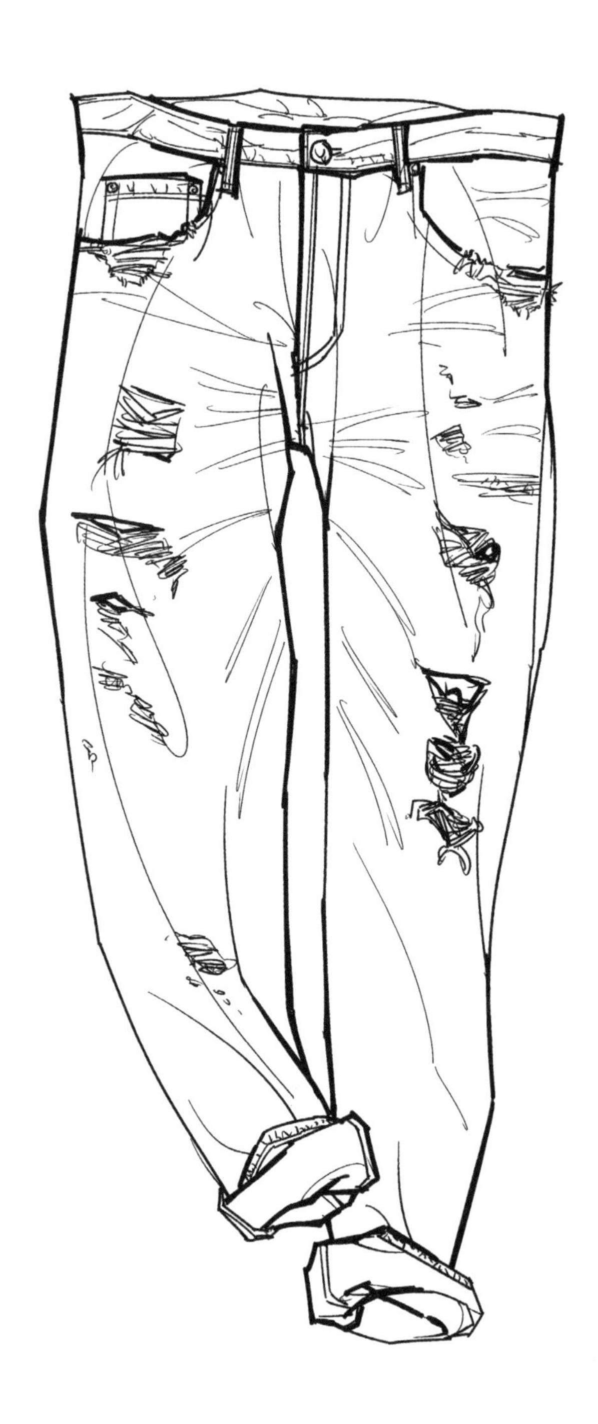

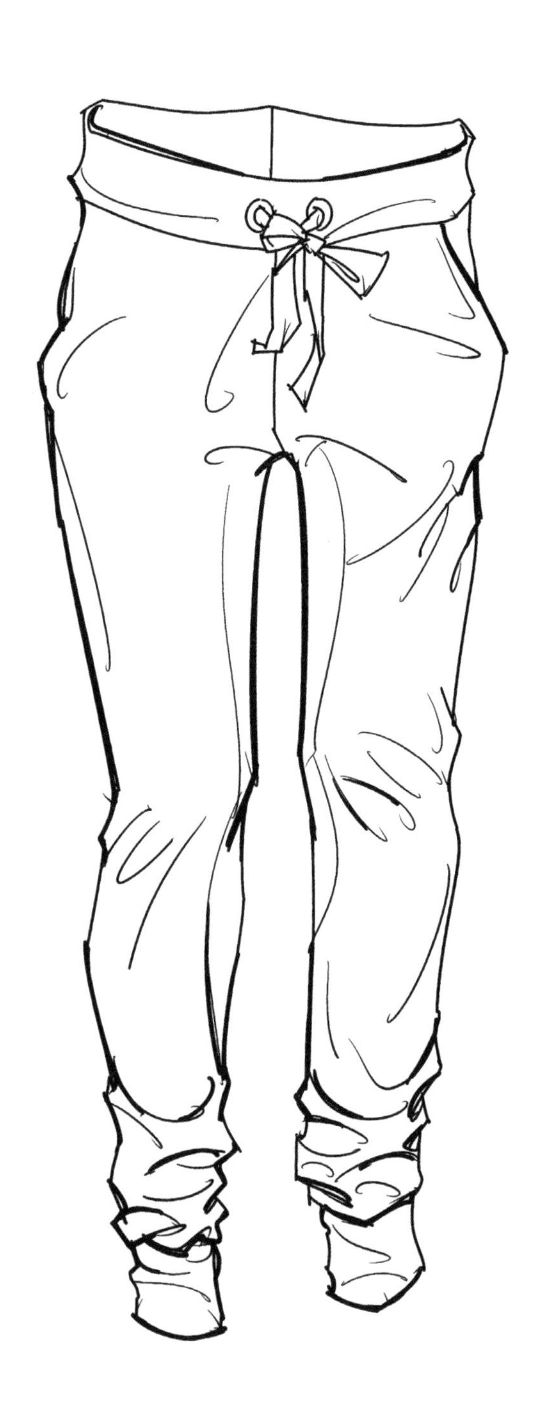

## 3.3.7 款式多方位展示描绘

有时候在一些生产制单上会标注上一些尺寸要求，这就要求款式展示图接近制图形式，款式的描画有点类似纸样结构图，这就是款式多方位展示画法。这种图算是很标准化的，虽然机械但也一目了然。在画这种图的时候，如果用笔不熟练可以借助尺规辅助，会比手绘更容易表达。另外，在表述一个款式的时候，为了使说明更加清楚，还会加入更多的款式角度展示，可以用细节图示来完善这一要求。

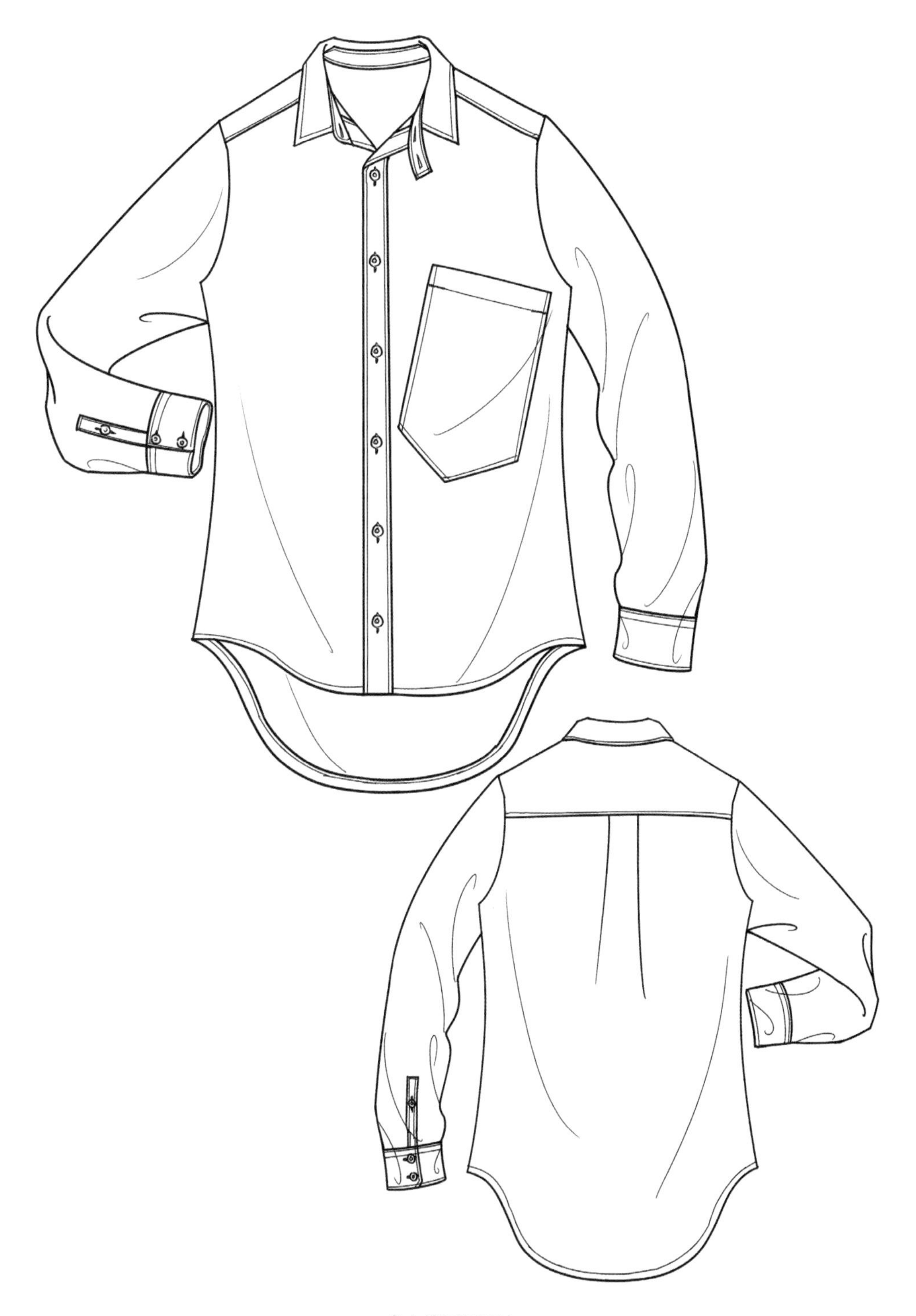

**多方位展示画法**

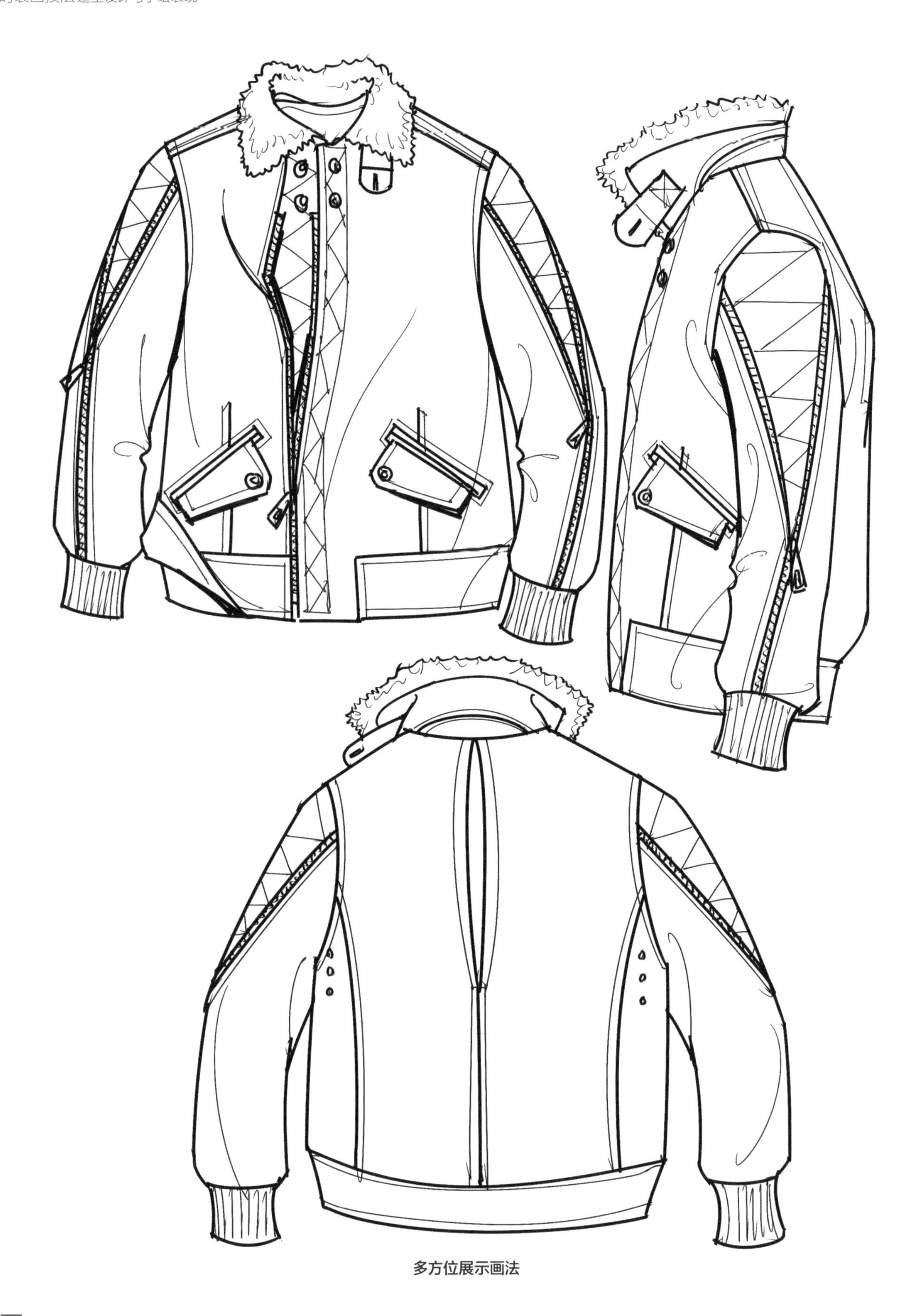

多方位展示画法

# 3.4 服饰品绘制技法

## 3.4.1 鞋子的画法

鞋子是时装画中除了服装之外最常描绘的服饰配件，服装是流行趋势的主导，服饰配件往往会受到服装流行趋势的影响，因此在画鞋子的时候也要关注到与之搭配的服装风格和类型，这会更加有助于把握好鞋子的描绘概念，建立在这些基础之上的款式描绘才更有意义。

画鞋子的关键因素——脚的结构和透视关系

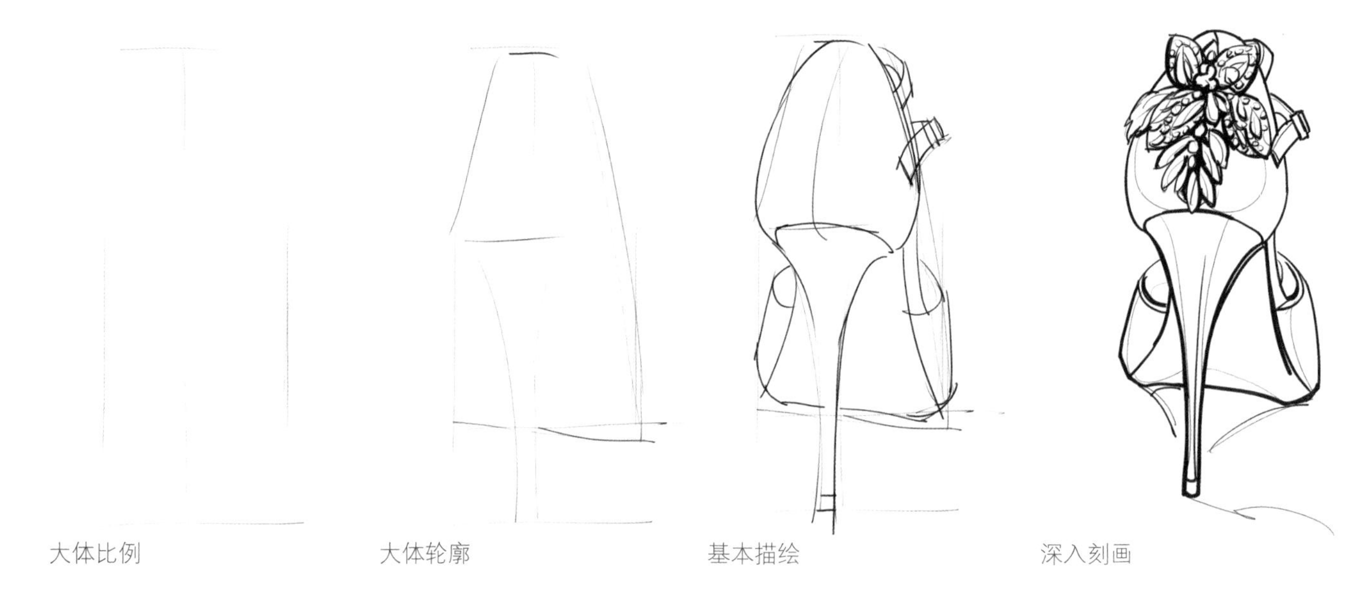


鞋子的各种形态描绘

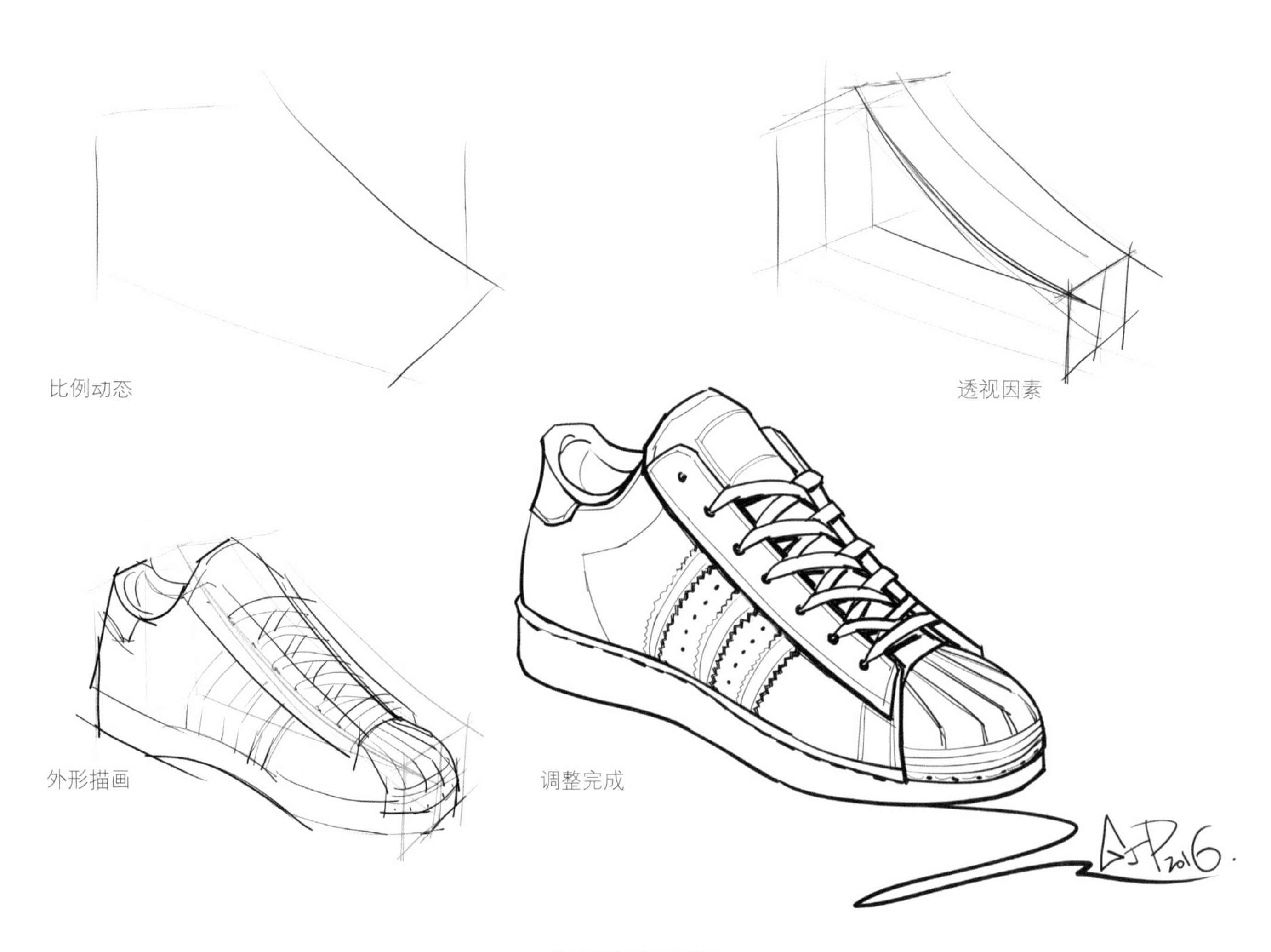


鞋子的各种形态描绘

鞋子的各种形态描绘

## 3.4.2 包包的画法

在现代人的生活方式中，无论男女基本上都离不开包包。包包是介于鞋子后的第二大配饰需要，如今的包包更多的是时尚和流行趋势的符号。

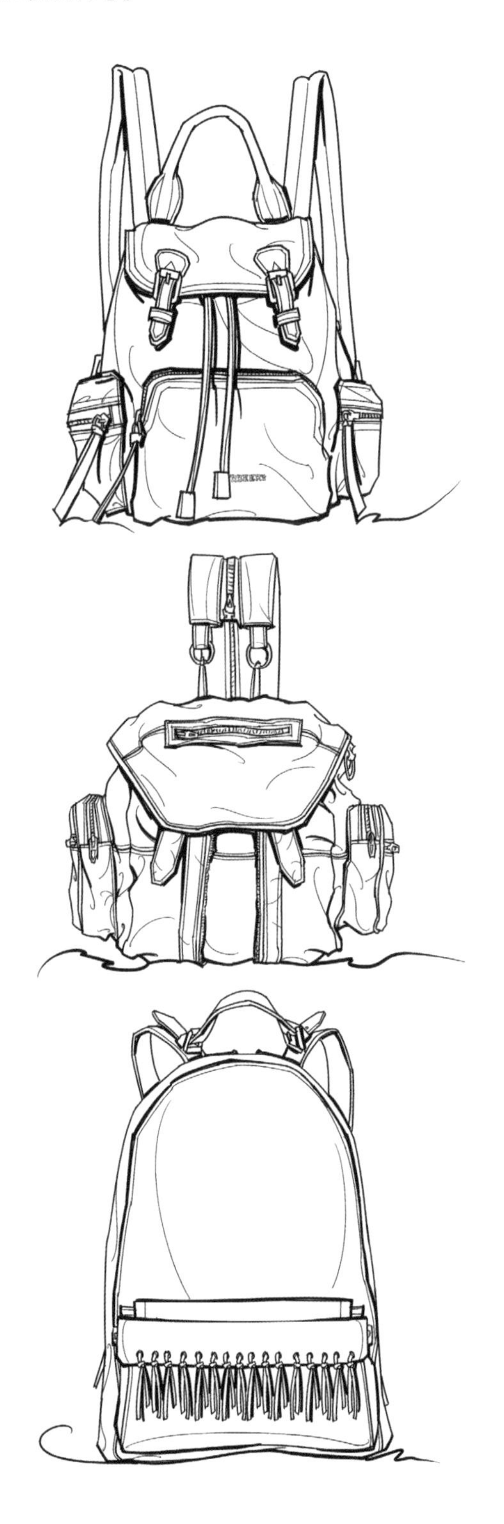

服饰配件的包包

**包包的基本画法是先定比例和基本型，再深入描绘细节**

## 3.4.3 其他配饰配件绘制技法

其他配饰指的是鞋子和包包以外的，能够和服装相结合，既起到实用功能又能够凸显造型和风格作用的配饰。常见的有帽子、耳环、戒指、手表、围巾、领结领带、眼镜、项链、腕链、脚链等。

各种饰物的描绘

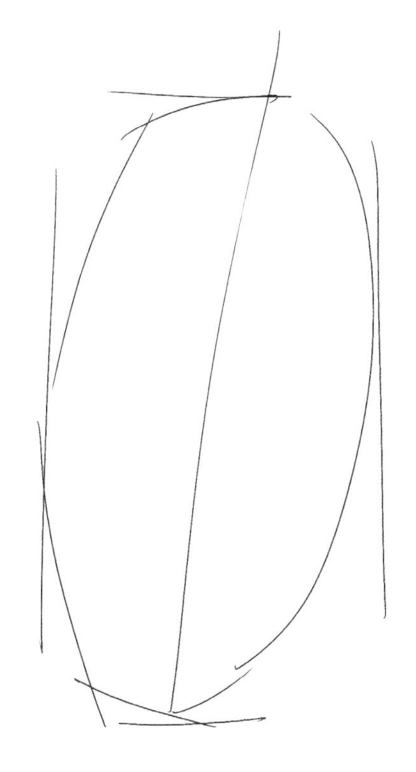
比例大形

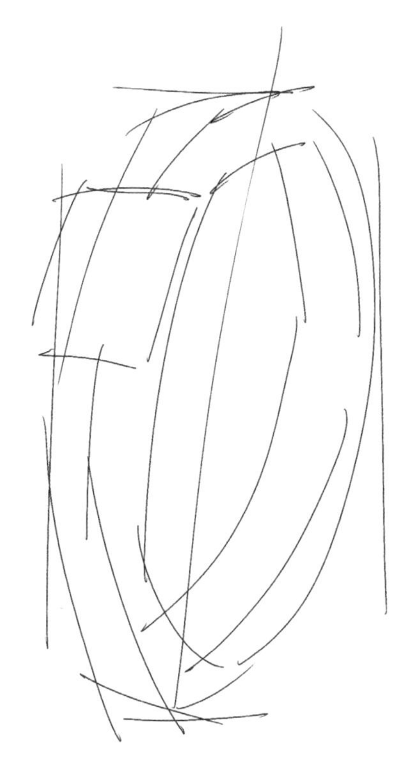
大形描绘

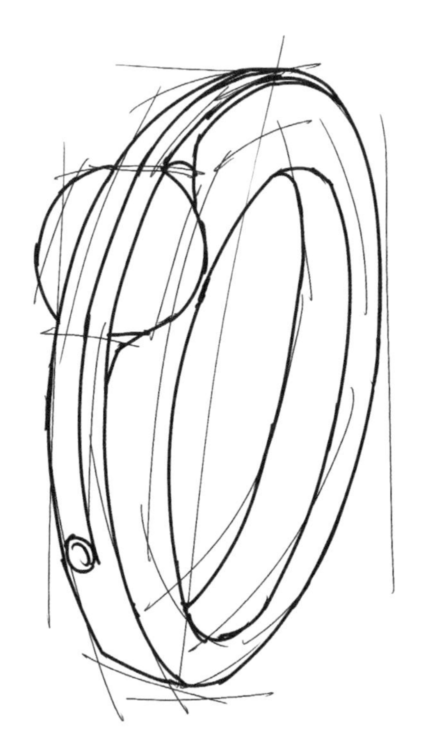
深入刻画

调整完成

**饰物的描绘**

# 3.5 人体着装线描效果

在人体着装线描效果的表现中，衣纹和衣褶的表现是我们最大的困惑。衣纹和衣褶的形成，既有自然因素也有人为因素。在进行着装描绘的时候，有必要先对衣纹和衣褶做个深入的了解，掌握其产生的原理和规律才能够描绘出衣褶、衣纹和人的正确关系。

## 3.5.1 衣纹产生的规律

如果仅仅只是表面观察或者照着衣纹描画，都只是获得表面的印象，对于画时装画来说意义不大。只有抓住了规律，才能抓住衣褶描绘的核心。任何事物的产生都有缘由，这样我们便获得了所谓的衣纹秘籍，就算没有看到实物，也可以将衣纹画出较为合理准确的状态来。

## 1.地心引力

准确地说，万有引力是指任何物体间相互产生彼此的影响作用力，存在于现实中的物体间都是有关联的。服装在人体上同样也会受到来自人体以外物体作用的影响。不过影响力最大的，莫过于地球所产生的引力。由于质量的悬殊，我们几乎看不到覆盖在人体上的衣物对地球产生的哪怕是微弱的影响关系。我们看到的现象是，服饰在受着地球的作用，并同时“抵抗”着人体的“阻挠”。

重力因素是衣褶在人体上形成的最主要原因

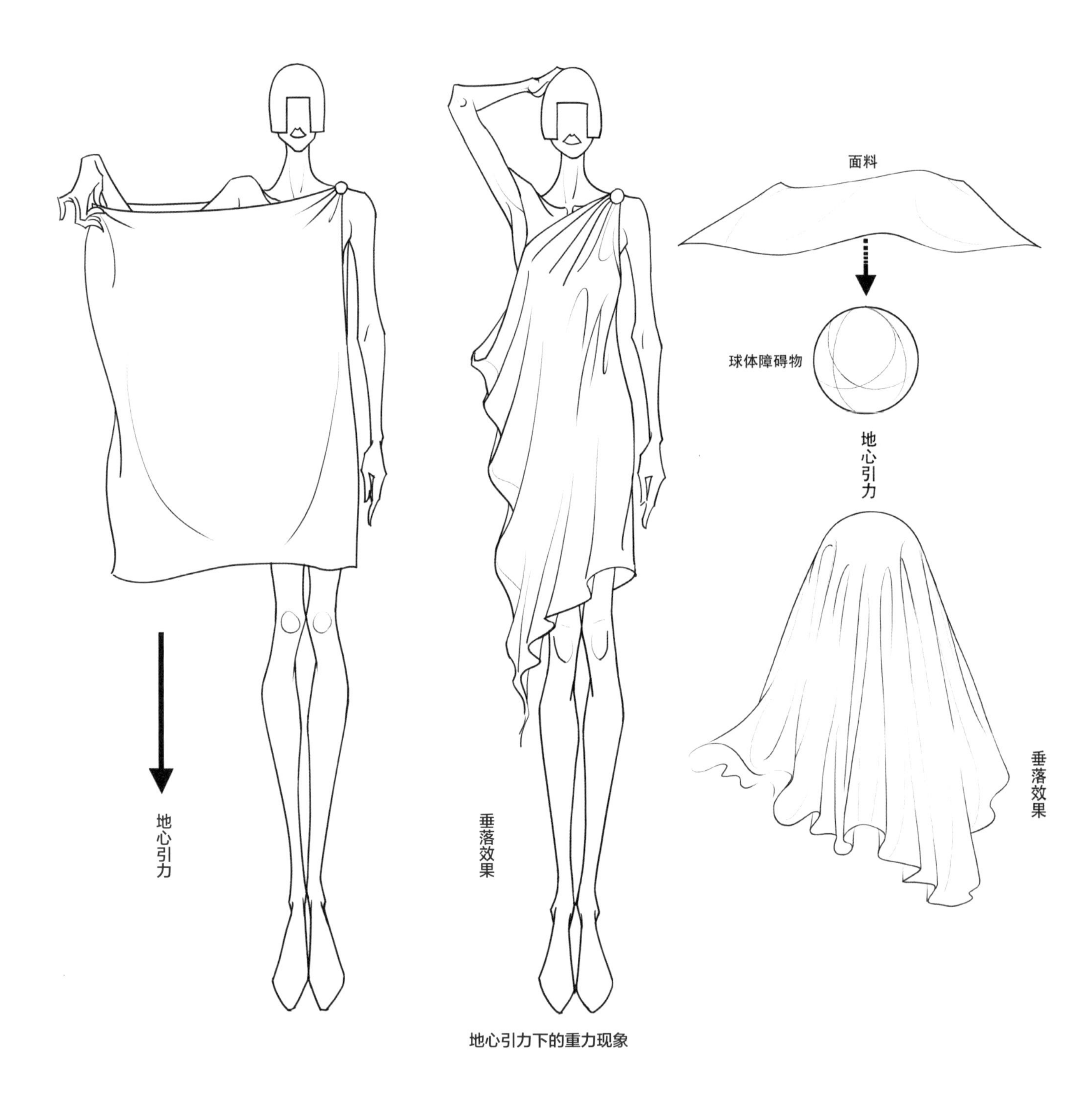


地心引力下的重力现象

## 2.人体构造

衣纹和衣褶是时装画表现中不得不面对的描绘细节，很多人之所以觉得难，首先是因为对人体结构这个成因规律重视不够。如果能有所认知的话，相信这样的困难很快就能够被克服掉了。

衣服褶皱的成因中，最直接也是最为显而易见的就是人体结构对服装的影响。人体在产生动态变化的时候，使得覆盖在人体表面上的面料产生了褶皱现象，而这样的一种褶皱现象就是在“人体结构＋人体动态”的相互作用下出现的。

对于衣纹，如果说地心引力是形成衣纹的外因，那么人体结构就是形成衣纹的关键内因。

只有对衣纹和衣褶的成因有足够的认知，我们才能够在着装的复杂衣褶的表面现象中看到内在的规律，从而建立起描画衣褶的理论基础。要敢于下笔，结合绘画的情感表达做到“理性下笔，感性表现”。

为了能够掌握好动态衣纹效果，平时要抽出时间多练习，通过衣纹观察内在的人体动态规律，还可以一举多得地掌握好运动人体与面料的相互关系。衣纹的成因都是有规律的，抓住规律后在画图时就可以很容易地表现出来。

画动态衣纹的时候，并非是看见什么就画什么，而是要有主次、要抓住规律进行描画。也就是说，画出印象中的“真实”感远比真实来得更加“自然真实”，这就是我们需要的画面效果！

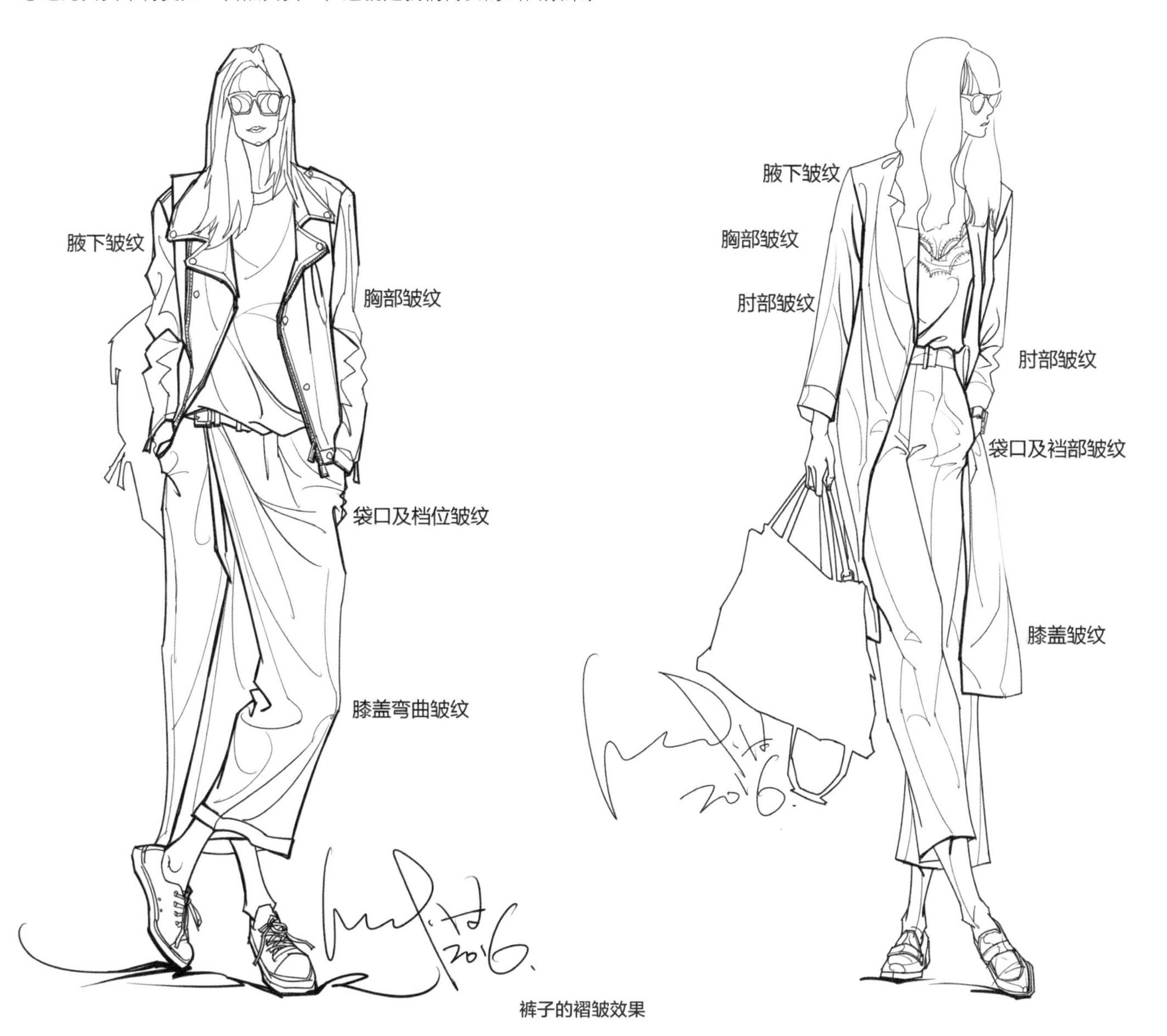


裤子的褶皱效果

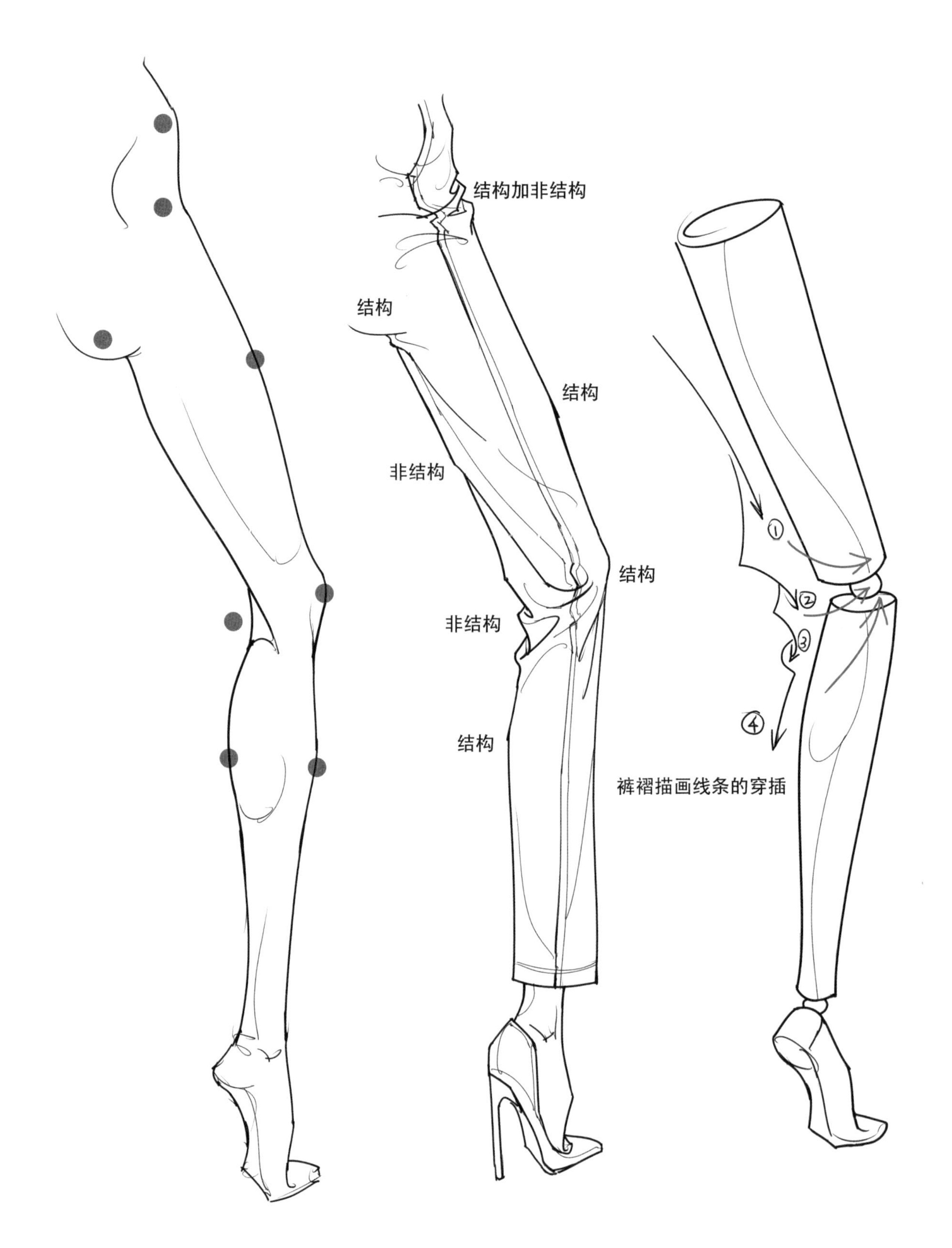


裤子的褶皱效果

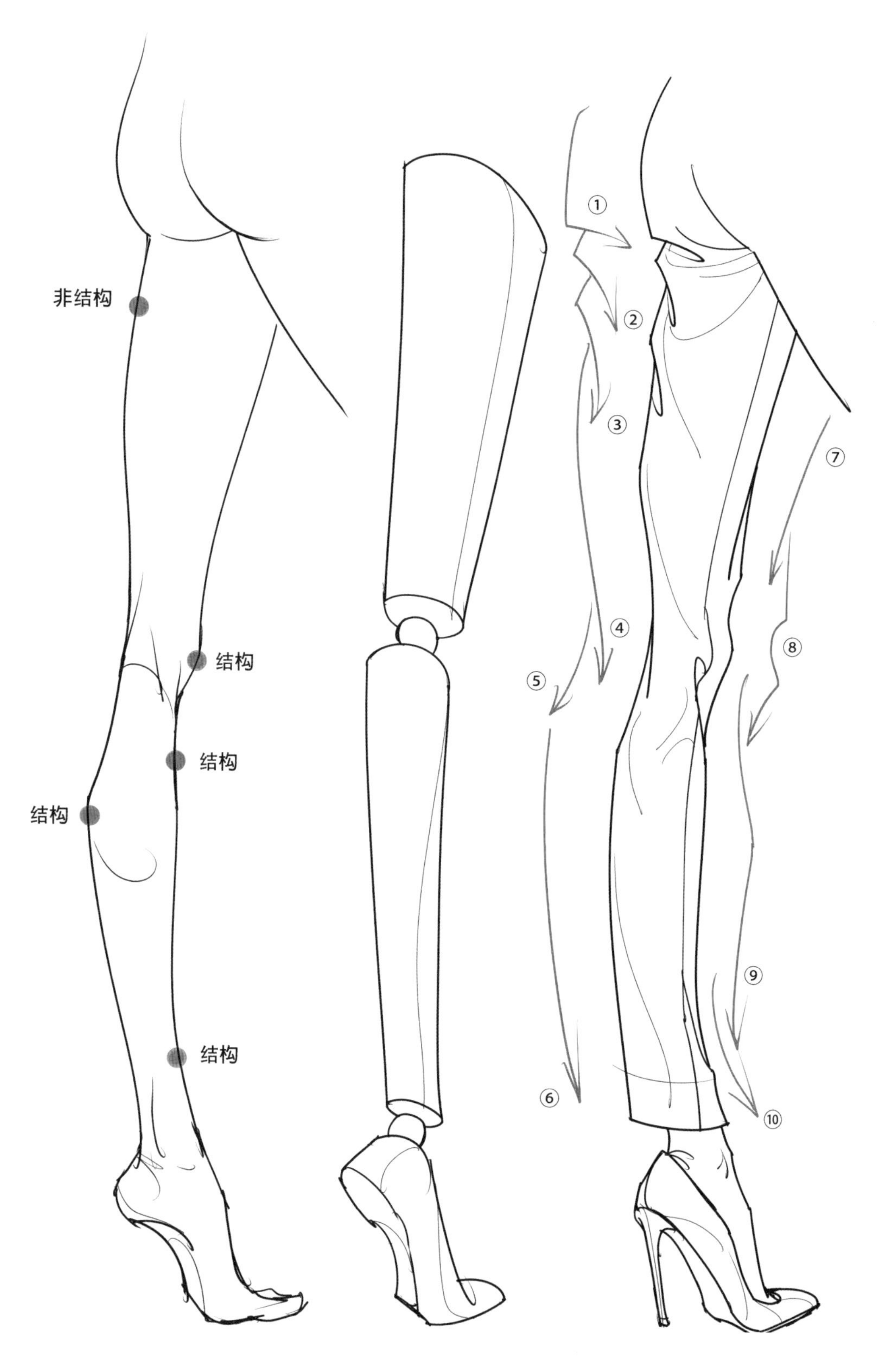


裤子的褶皱效果

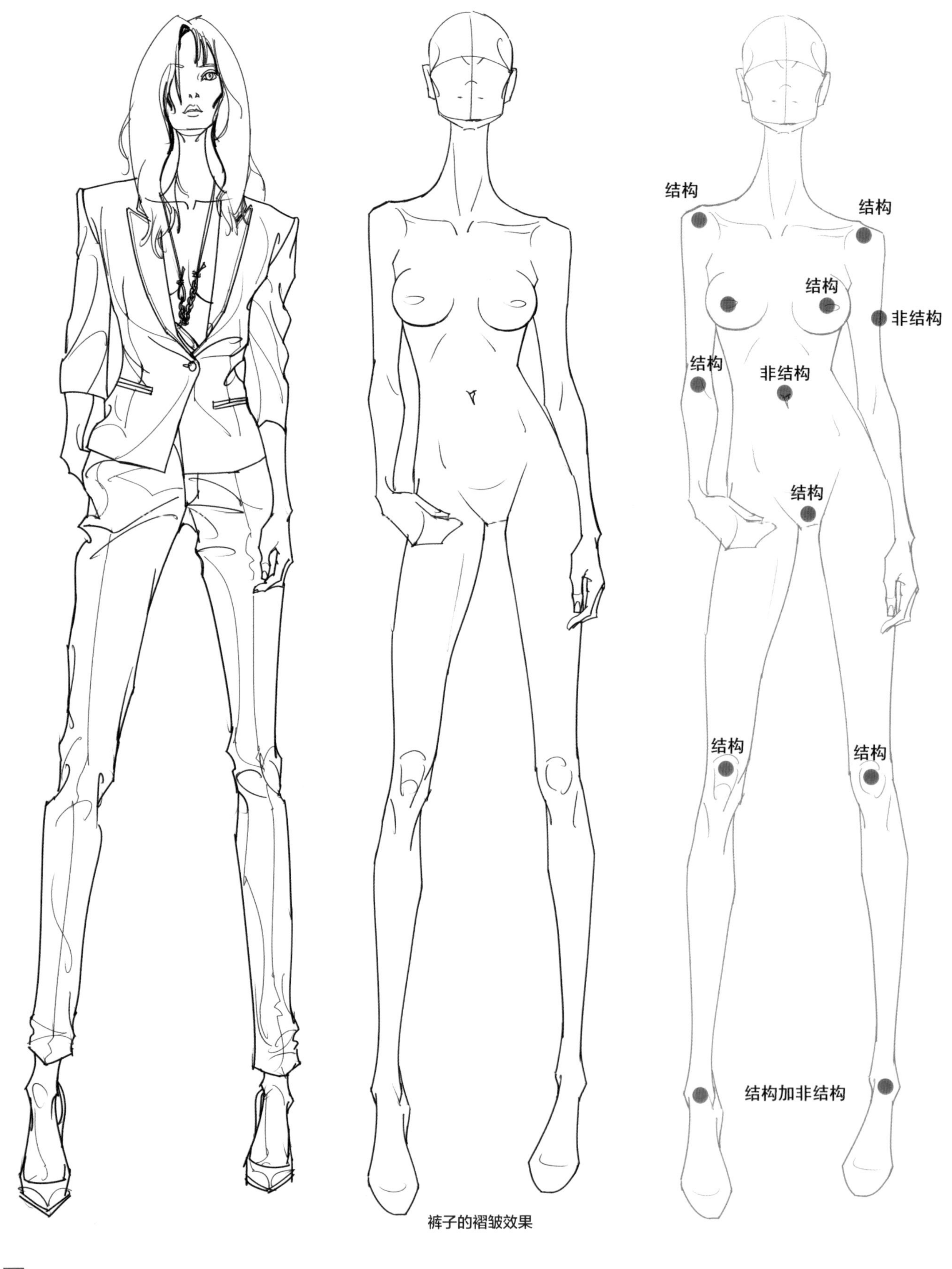


裤子的褶皱效果

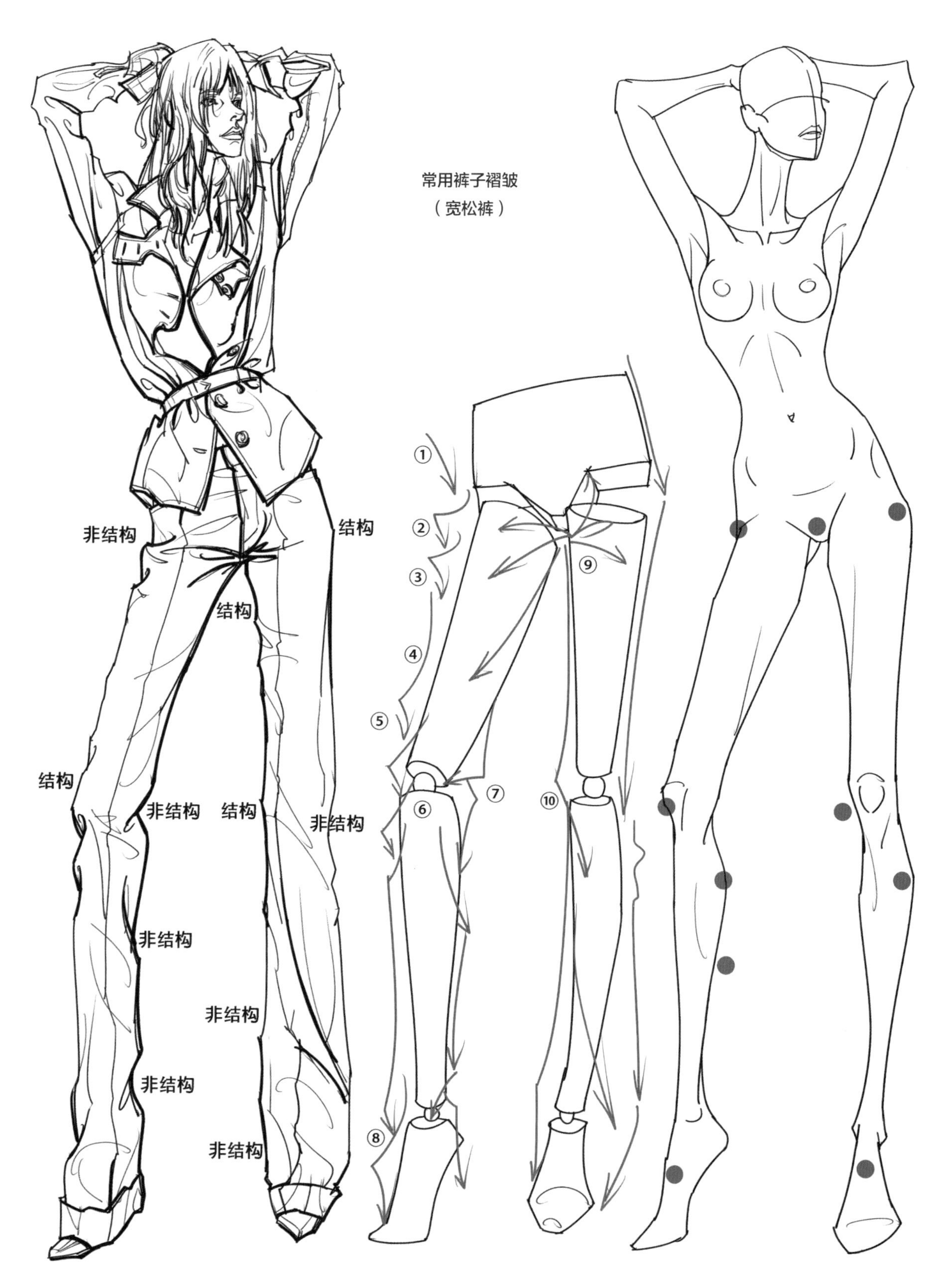


裤子的褶皱效果

## 3.款式特征

有一种褶皱是人为造成的，如服装设计师会充分利用面料的垂性将其有意地设计到款式里，从而在人着装的时候感受到自然和人为褶皱产生的效果。在画这样的褶皱时，首先应该分析好人为的皱褶在什么位置，自然形成的皱褶又在什么位置。弄清楚以后再下笔描绘，该肯定的地方明确描绘，该自然变化的地方轻松表达，这样画出来的褶皱就会自然好看了。

另外，除了面料特性外，设计上有意的褶皱形成也是因素之一。比如衬衫袖口的设计，为了手臂活动制作的褶裥，同样也会影响到衣纹的产生。

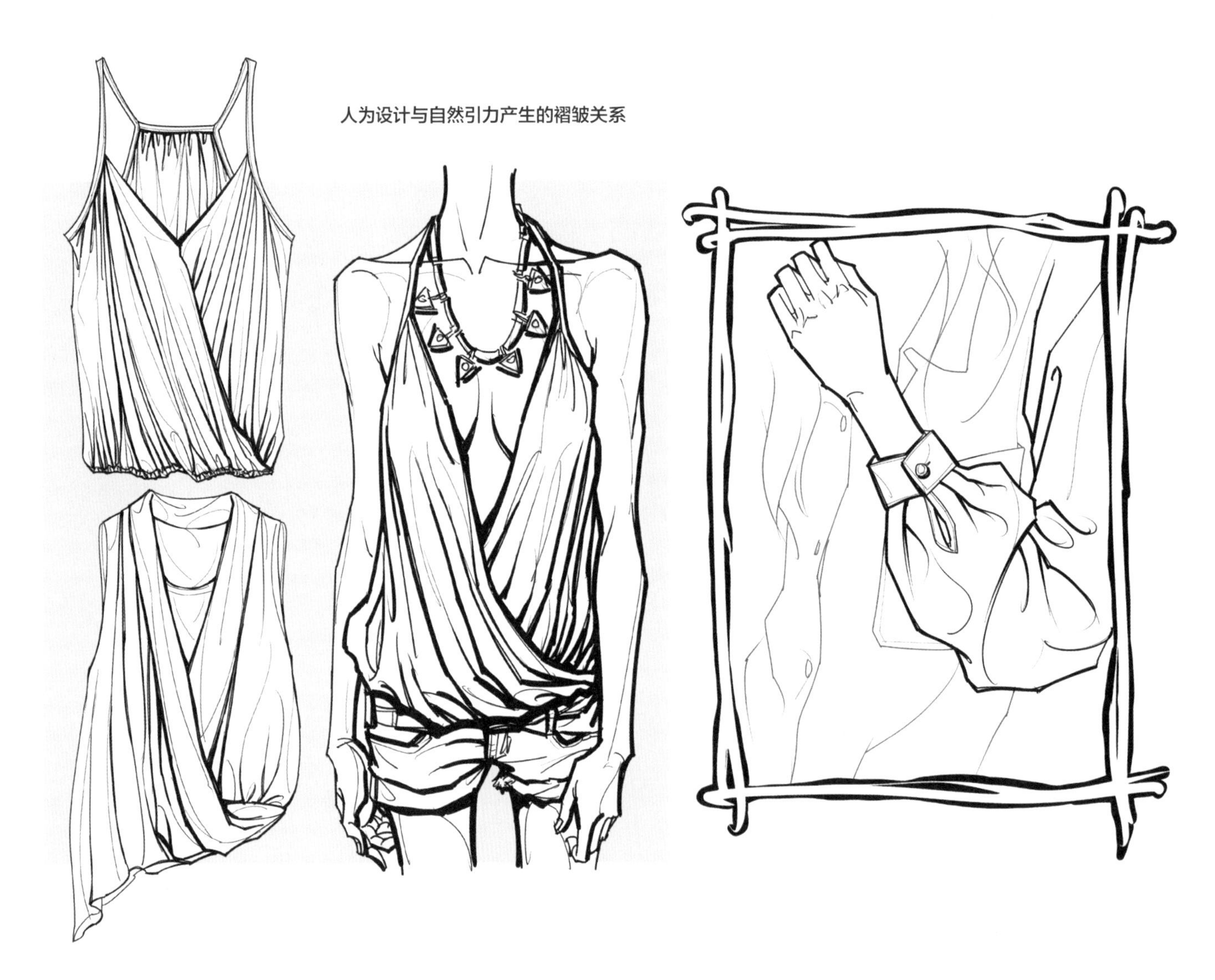

人为设计与自然引力产生的褶皱关系

款式特征下的褶皱效果

款式特征下的褶皱效果

## 4.偶然因素

由挤压、风力、拉扯等原因造成的，称之为偶然因素衣纹，这样的衣纹产生是不可控的。因此在把握类似的衣纹时，更加需要我们善于总结衣纹产生的规律。在描绘的时候，可以根据需要结合规律成因画出想要的衣纹效果来。

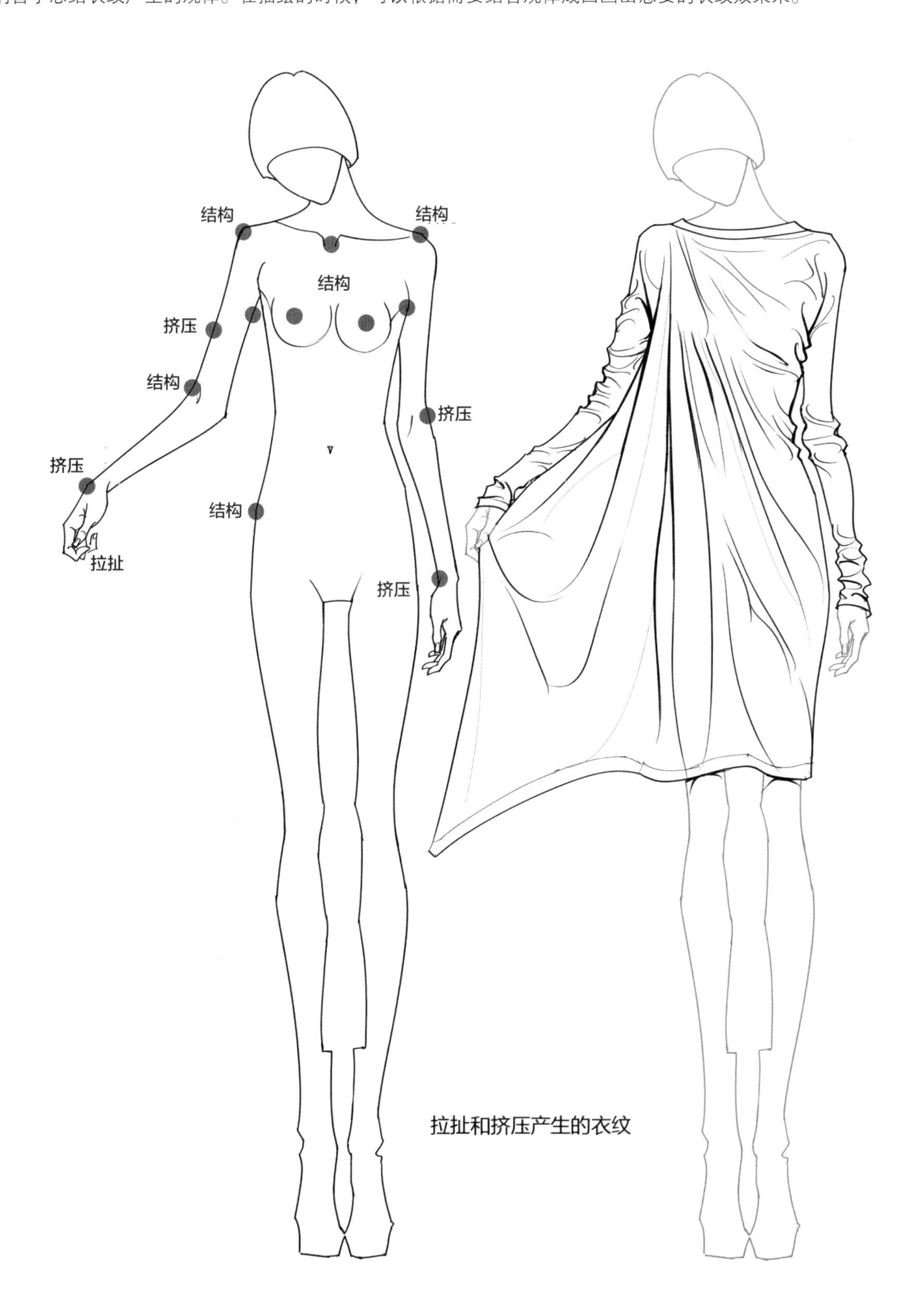


拉扯和挤压产生的衣纹

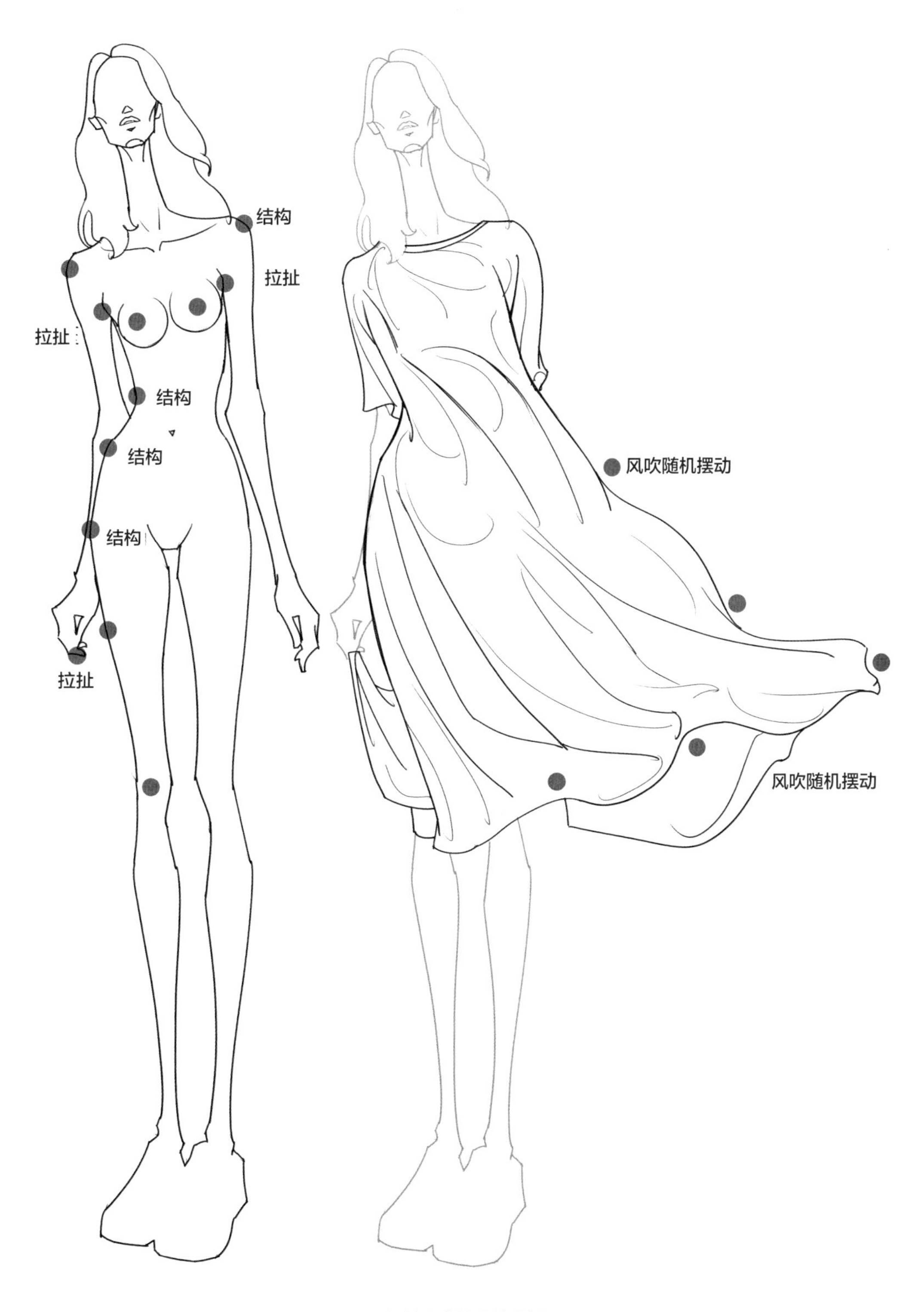


偶然产生的衣纹衣褶

以上的褶皱分析是有针对性的，但实际上很多时候褶皱的产生会是以上综合因素共同作用的结果。当我们明确了褶皱产生的原理以后，如何去表达、是否需要侧重来表现，就看我们对于画面效果的主观处理愿望了。

# 3.5.2 着装衣纹的描绘

## 1.衣纹描绘原则

掌握了衣纹的形成原理，知道了衣纹的产生概念，那么是不是在描绘款式的时候要把产生的衣纹都描绘下来呢？当然不是，衣纹的描绘可以遵循以下几个原则。

（1）重点表现。有意识地把款式中能够烘托面料、体现设计特性的重点衣纹衣褶进行强调，使画面产生聚焦效应，从而达到抓住眼球产生关注的目的。

（2）结构强调。很多时候，“眼见为实”的观点并不适合用来描画时装画。在进行时装画表达的时候往往会有意地将一些结构强调出来，特别是衣纹比较繁杂不易找到规律的时候，强调人体结构的衣纹效果可以让画面产生更好的体积层次感。

（3）抓主略次。着装在人体结构和动态造型上都会让各种品类的款式产生衣褶衣纹，特别是薄飘的面料更是如此。在描画这种款式时，应该学会概括和省略地描画衣纹，描画大的结构或是款式中人为的主要衣褶，省略甚至不画次要的衣纹或是影响到款式表达的褶皱，这就秉承了“有所画有所不画”的描画原则。

（4）区别对待。不同的面料质地在进行时装画表达的时候，主款主料会更多地得到深入的描画，而次要的款式其衣纹有时会被忽略掉或只是不经意地去描画，更确切地说是“点到为止”。

（5）风格体现。既然服装有风格，绘画者个人有特性，那么时装画也会有其独特的个人魅力。而这些特质的体现，在时装画的描绘中我们是可以通过描绘衣褶来获得的。通过不同的表现手法，如写实、简约或者是概念、夸张等画法，使得款式的衣纹有变化，同样也赋予了服装画不同的风格效果，体现出与众不同的时装画魅力。

以下为人体着装后的线描效果，在描画的过程中遵循了以上的衣纹绘画原则，并以着装由内而外的顺序循序渐进地示范。

## 2.泳装描绘

泳装的线描几乎就是在人体上描画，根据泳装的款式和设计点的特色，在描绘的时候仅需要对设计点进行概括并且深入描绘即可。本图例的设计点是深V波浪领口，波浪领是在重力的作用下自然下垂，在所形成的波浪效果中浪尖和浪口的位置、大小均不相同，从而形成丰富的波形效果。而款式的其他位置则完全依着人体，在袖窿口及脚口位置画出它的止口位置线就好。注意线条要依着人体的结构起伏来画，才会让人感觉到立体的效果。

泳装的绘画要点：人体的体现是关键，从时装画的画面效果上说，服饰几乎成了点缀。

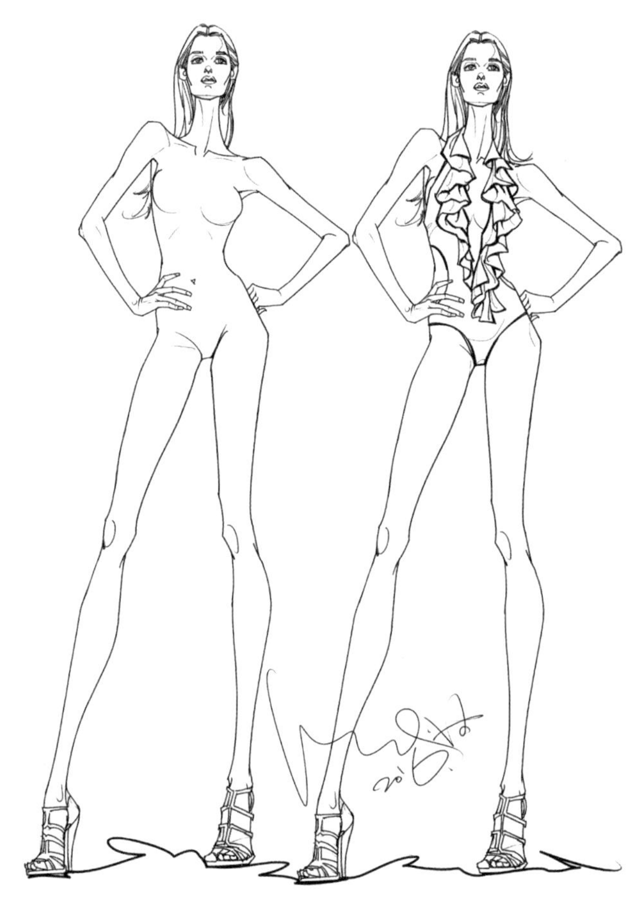

**仰视动态效果的泳装描绘**

## 3.T恤描绘

T恤想必应该是除了内衣以外，人体的第2层“皮肤”了。根据款式和面料特性，T恤可以分为紧身和宽松两大类。如果是紧身的款式，就相当于描绘人体无异，只是要注意在身体转动或是弯曲的时候所带出的一些衣褶，这些地方是体现穿衣感觉的关键。对于宽松的款式则只要分析好贴合和非贴合之处，然后根据衣纹的描绘方法进行表现即可。

针织T恤的人体着装线描

针织T恤的人体着装线描

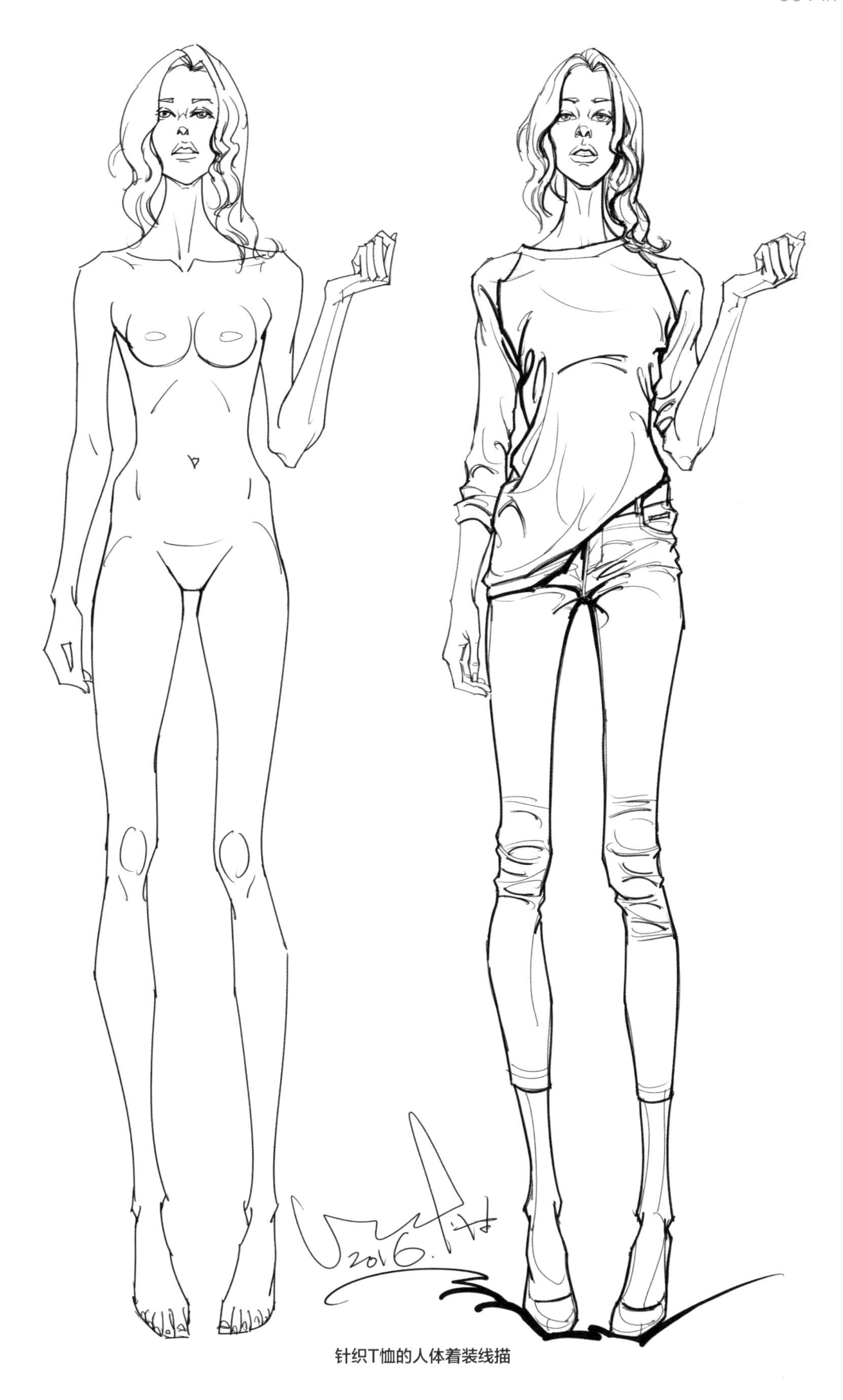

针织T恤的人体着装线描

## 4.衬衫描绘

随着衣料逐渐增多，衣物与身体的神秘感和若即若离的效果会更加明显。但万变不离其宗，抓住人体是关键，变的只是离体的衣料。有些是有规律的，有些是带有随机性的，分析清楚了画起来就不难了。

衬衫线描效果

衬衫线描效果

衬衫线描效果

衬衫线描效果

## 5.西装描绘

西装属于夹克外套类，最大的特点是领子。平放的时候领子的起伏不大，但穿在身上的时候翻领的位置会显得上升，这是因为人体是有厚度的，驳头的翻折线也会随着胸部的起伏产生变化，抓住这些特点来画就可以把这类型的服装画好。另外，西装给人的印象是挺括有型，画的时候衣褶要适当地少画些会比较好。

西装线描效果

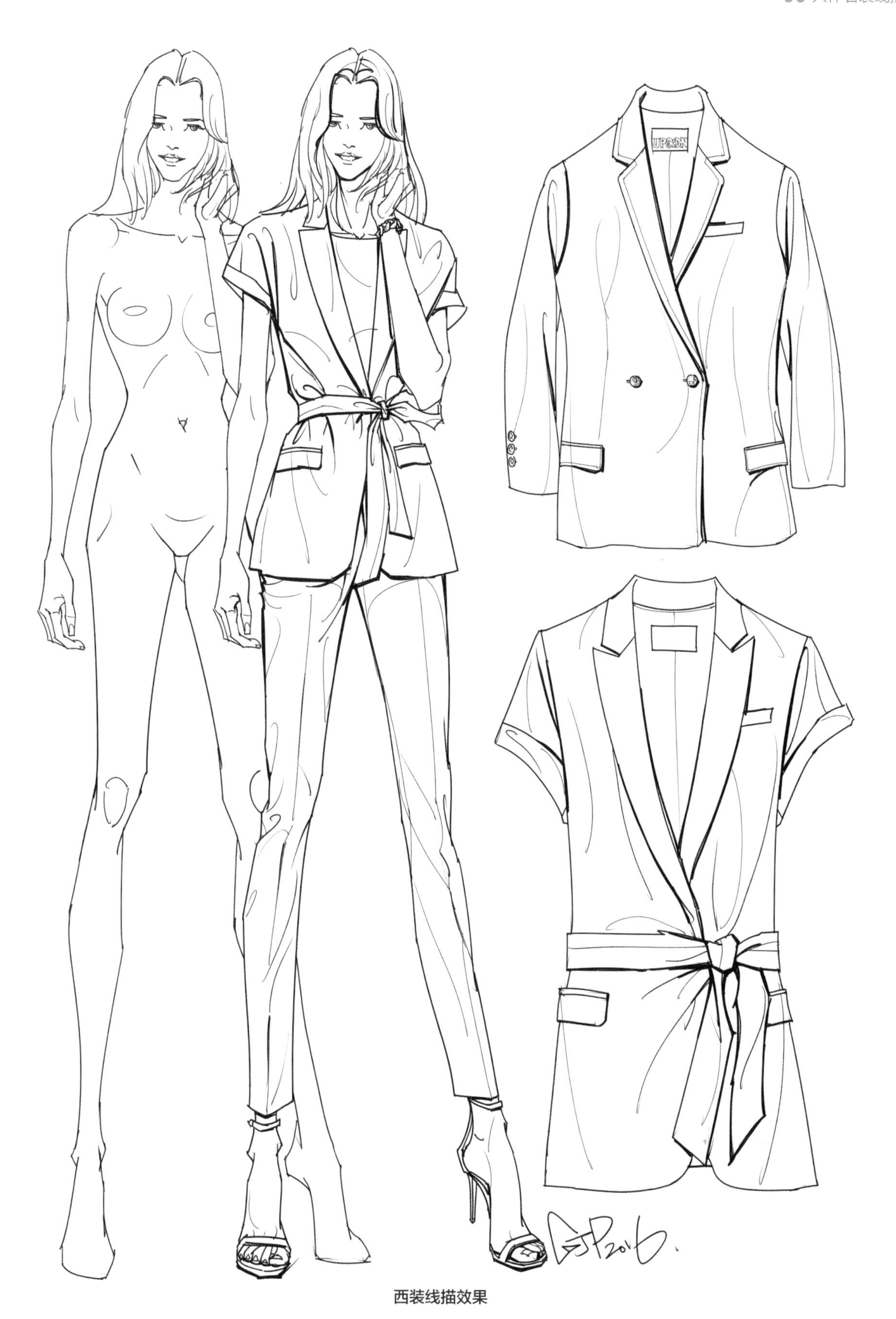

西装线描效果

## 6.牛仔描绘

和西装相比，牛仔夹克显得粗犷而且休闲，牛仔追求更多的皱纹描绘，让画面效果更有时尚的味道。

牛仔装线描效果

牛仔装线描效果

## 7.风衣和大衣描绘

这是春秋装的服装品类，既可以防风也可以保暖。相对而言实用性较强，描绘时应体现相对较稳的画面风格。

风衣线描效果

大衣线描效果

## 8.编织款式描绘

编织款式从其装饰性的角度来看，更加富于有艺术创意效果，也偏向于时尚和休闲的感觉。画面的表现力强，动态和构图都相对灵活。

## 9.棉服描绘

棉服品类和大衣相似，更多的是体现实用的穿着效果，动态一般较为静止，夸张的意义不大。

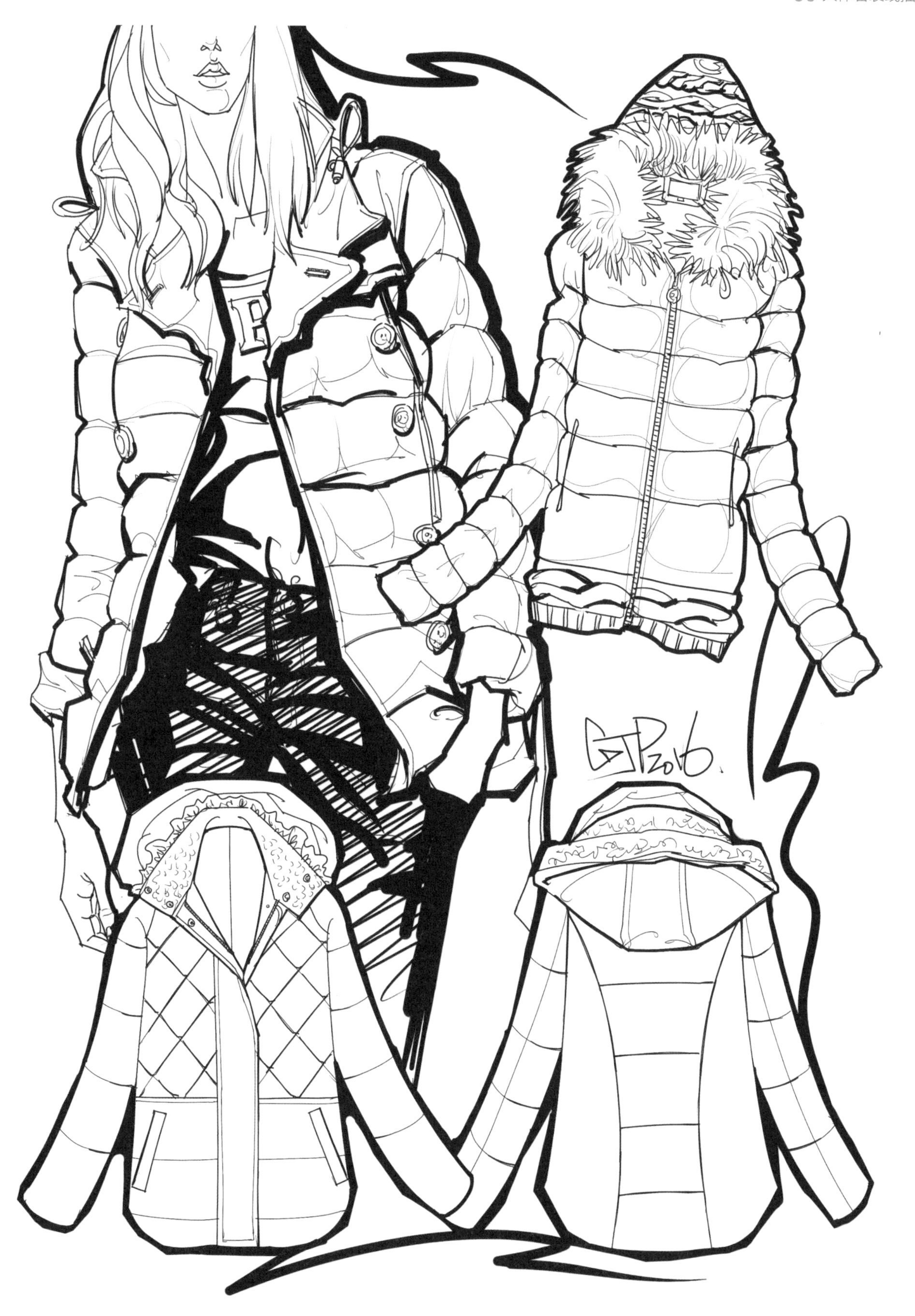
GJP2016.

## 10.皮衣皮草描绘

皮草相对于棉服虽同属于冬季保暖款式，但其设计的灵活性反而更强，在绘画表现上会有更多的形式体现。

皮草款式描绘效果

皮草款式描绘效果

皮草款式描绘效果

## 11.裙装礼服描绘

礼服可以说是服装里面的艺术品，是手工和装饰的最大集成，可以尽情地发挥创意，也可以将最美的元素使用到极致。相对于其他服装品类来说，女性特征也表现得更加明显。在画的时候，夸张高挑的身材是最为常用的，纯美的画风经常会在裙装或者礼服的效果表现中出现。

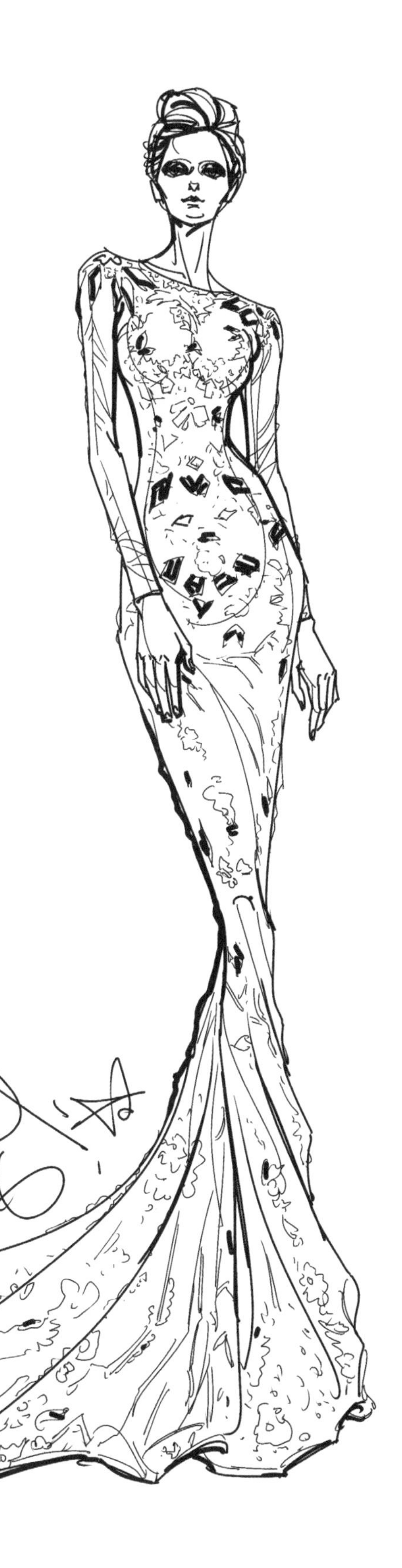

# 04
# 时装画构图技法

构图，就是在有限的画面空间中营造出一种能够感动他人、可供欣赏的画面，简单地说就是一个画面的构成形式。在追求和营造这种画面形式的过程中，能够提升自身的审美情趣，同时也能在潜移默化中提升服装设计修养。

# 4.1 构图的原理

时装画是一种“艺术＋实用”的构图形式，会根据不同的需要使得构图有它自己的一个基本方向，但同时也会有着自己的变化自由。也就是说服装设计师以基本的款式效果图和款式展示图的设计说明为基础，在这样的一个大框架下，还允许有不一样的表达方式，使得这样的形式既有专业习惯的方向但也绝不会是一个机械的、不可侵犯的定律，构图还需要充分地发挥画者的个人悟性和创造力，营造出更为新颖和有感染力的形式效果来，这就是时装画构图的乐趣所在！

# 4.1.1 构图的意义

## 1.构图要确定表现意图

在构图之前要明确时装画的使用目的是什么，是为了单纯地对服装画进行宣传推广，还是为了将设计概念或细节明白无误地表达，还是两者兼而有之，亦或是罗列图片似的款式示意说明?

如果是纯时装画的表达，更多的是体现穿着服装对象的时尚品味和着装对象的生活态度，其表达的艺术性要求相对会高些，许多这类作品往往可以说是绘者用灵魂来描绘，也许这样的表述可能会更加贴切。相比之下，在服装效果图里多数是为了向观者直白地传达款式设计要点和罗列地表述细节。

因此，针对于不同的时装画效果来说构图就是为体现这个目的而服务的，构图的结构形式要匹配相关的目的走向。

**插画式的时装画描绘**

款式效果图

可做插画也可作款式效果图

## 2.构图要能为效果预想

效果预想，简单来说就是画者想要得到的画面最后所表达的情感效果。从设计的角度上来说，就是画风要与款式的设计风格遥相呼应。切忌不要为了画而画，要明白时装画的构图形式是由所描绘的服装风格的基调来决定的。虽然最后的效果会受制于工具乃至绘者的心情，但在有提前预想的情况下，对于效果的最后呈现不一定达到最初所想，却增加了可控性，这也是服装设计的一个创作特质。何况在有预想的状态下，常常会出现意想不到的惊喜，会使得这样的提前构想能够获得更佳的效果，给予时装画在期待未知中出现意外的亮点，这也许才是作品更加凸显的难能可贵之处。

**构图要能为着装风格预想，做到可控和意外效果兼顾的状态**

## 3.构图需有视觉指引作用

构图无论形式怎样变化，画面必须要能够在视觉上引导并体现表述对象的关键位置，或感受到画面元素的轻重、主次的节奏感。就算是重复出现的形象要素，也是能够让观者获得排列的韵律享受。总之，一个好的构图是能够让观者在轻松或者激动的状态下，不自觉地感受到绘者所要表达的理念及要传达的信息，感同身受地获得愉悦的感官体验、情感互动。

视觉上的构图应该让观者受到画面的暗示，感受所描绘对象的可爱与服装风格的效果吻合

## 4.1.2 构图的架构

画面中最基本的构图架构形式有稳定结构、不稳定结构和均衡结构。

构图的一般结构形式

## 4.1.3 构图的要素

构图的产生除了架构以外，最后的效果体现还要受到架构中的元素分布与组合形式的影响。完整的构图要在统一的格调以及形式感上，追求画面的视觉平衡或是新颖的构图形式，并且这些构图很多时候都是通过点线面的关系、黑白格局、色彩的配置和对比、节奏层次、相关轮廓的虚实空间构想、画面的空间分布等形式，以及多样的要素来单独或是综合达成构图的形式美感，由此丰富和拓展了架构最后呈现出的效果。

构图的一些要素和形式感，点线面的分布和变化处理

构图的一些要素和形式感，点线面的分布和变化处理

构图的一些要素和形式感，点线面的分布和变化处理

构图的一些要素和形式感，点线面的分布和变化处理

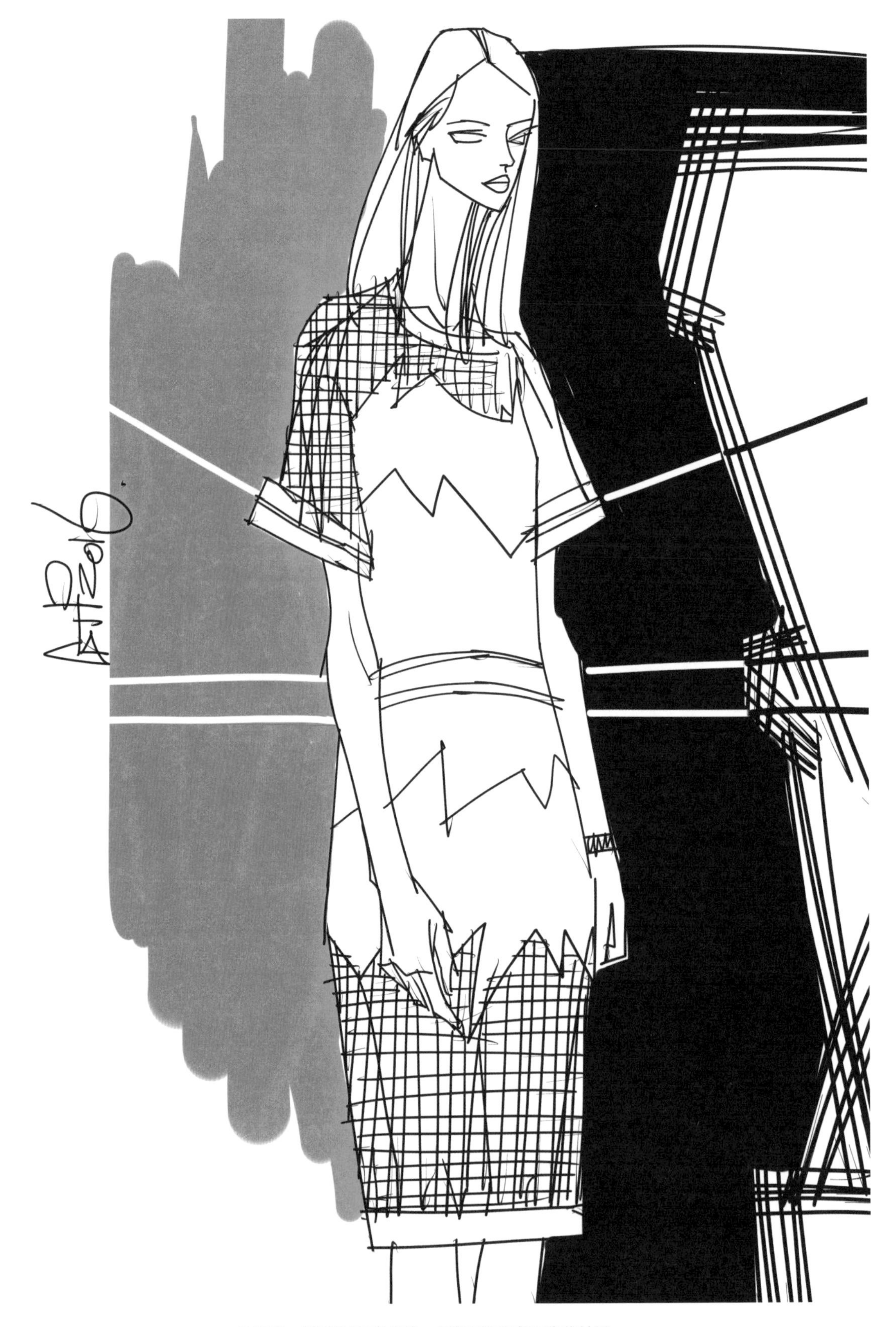

构图的一些要素和形式感，点线面的分布和变化处理

构图的一些要素和形式感，点线面的分布和变化处理

# 4.2 构图的形式

构图与其说是一种绘画的技法，不如说它是绘者的绘画能力和情感表达的综合素质体现更为恰当。针对于时装画及其设计上的专业性需要，或有独立的款式表达述求，或是通过款式与周围情境的结合反映出某种着装的时尚效果和生活态度等，一般常用的构图形式主要会有单人组合、双人组合和多人组合。

## 4.2.1 单人组合

单人成画的描绘形式用得很多，构图体现着单人着装或对应的款式设计的局部、单款前后示意以及陈列式的款式说明。

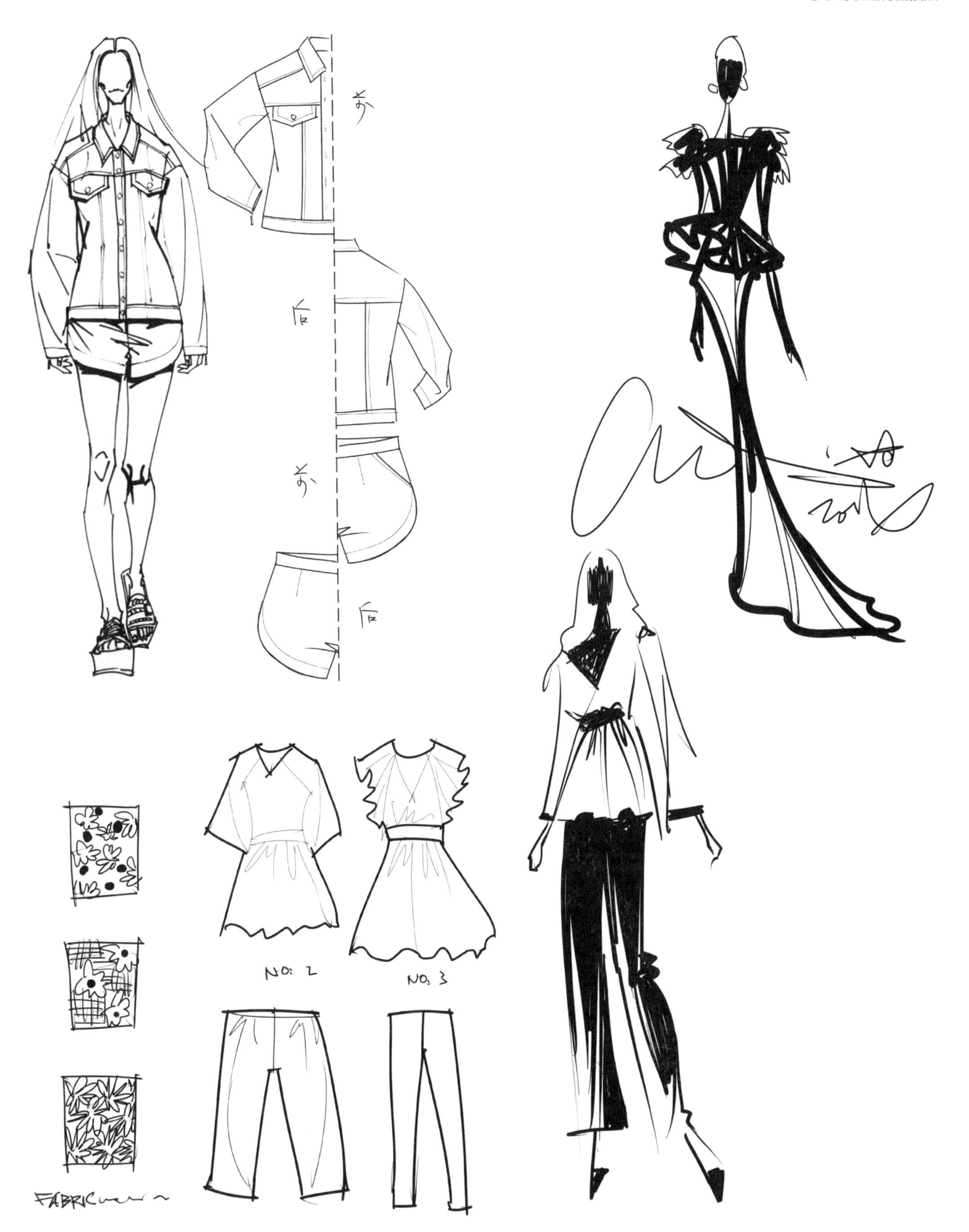
前
后
前
后
NO. 2
NO. 3
FABRIC

## 4.2.2 双人组合

双人造型体现了款式中强调某些设计点说明而采用的前后效果图展示的构图形式，或是情景双人构图的描绘手法。

## 4.2.3 多人组合

多人组合构图更多的是反映系列设计的多人组合效果，构图上是由既有罗列也有结合人物、景物、衬物等富有情节性要素的综合画面而构成。构图上既有规律的罗列效果，也有动态变化的形式。根据设计的需要，构图体现着一定的风格暗示。

FASHION.
①
②
③
④
⑤

设计说明
①
②
③

Fashion
5
2
3
Love

# 05 时装画着色技法

在前面几章着重介绍了人体造型及着装的线稿绘制技法，对于一般的设计概念表达已起到了至关重要的作用，接下来将讲解时装画的着色技法，营造出更加绚丽的画面效果。当然，这样的效果既有它的实用意义，也有它所特有的传达给观者的非同于黑白的独特感受。下面首先从基本的色彩规律开始讲解，再逐步深入到不同着色工具在时装画的应用，以及时装画中不同材质的表现，一步步地掌握好时装画的色彩表现技法。

# 5.1 色彩基本知识

在讲解时装画的着色技法之前，应该对色彩的基础知识有深入的了解和掌握，明确色彩要素、关系和规律才能在时装画着色中运用好色彩，更好地体现出设计师所想要传达的设计理念。

当然，需要指出的是，专业的服装设计师在进行设计草案构思的时候，应用得最多的是线稿，在涉及到色彩描绘时更多的不是为了表现画面效果，而是为了体现色彩的搭配感觉，这是与时装画绘画训练相同而又不一样的地方。

色彩的时装画描绘效果

## 5.1.1 色彩三要素

想要对色彩有深刻的认识，明确色彩的三要素是其中的关键，即色相、明度、纯度。万千色彩的变化无不是这三个元素的相互影响。

### 1.色相

色相即颜色的相貌特征，是让我们能够理解各种不同色彩间的相互差异，能够比较确切地交流和表达某一颜色的名称概念。比如我们常说的红、黄、蓝（三原色）就是指色彩的三种不同的色相。色彩的成份混合越多，色彩的色相越不鲜明。比如红、蓝、黄三种颜色相互一起调配，色彩最后效果的可辨度就会很低，能够明确的色相名称就不好表达。这个时候，只能称之为带红味的灰，或是带蓝感的灰色等。

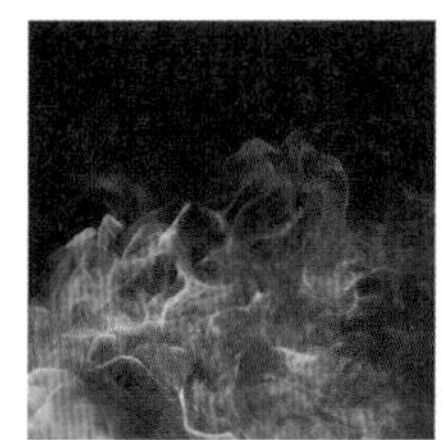

红

蓝

黄

色彩三要素之色相

在明确了色相的知识后，我们就可以进行相应的区分观察。一般来说，时装画中的色相使用，通常都会带有一定的装饰效果，这和人对服装的色彩应用有很大的关系。同时色相与光源也有密不可分的关系，光源的颜色会影响色相，在时装画中主要是以自然光为主，色彩自然更偏向于明朗。传统的绘画形式（如油画等）非常注重色彩的灰度或是低纯度的对比表现，而时装画却更多喜欢明快艳丽的颜色，更加趋向于装饰色彩的表达。

Andre Kohn油画作品

时装画的色彩装饰效果

## 2.明度

明度就是色彩的深浅和明暗效果，浅色偏亮、重色偏暗。不同的色相，明度会不一样；同一色相，明度也会不同。在传统绘画世界里，对于不同色相的明暗观察是需要一定的训练之后才能获得的能力，但在软件应用的今天，我们对于色相的明暗观察，可以借助于软件功能的黑白转换来加深认知。

如果要让画面具有丰富的层次，必须在绘画的时候掌握和体现色彩的明度要素，这是首要的关键因素。即便是同一种颜色，通过深浅和层次的变化也能使画面效果丰富。在一般情况下，柠檬黄最浅最亮、明度最高，大红色明度最低，其他色彩渐次深浅。

不同色彩的明度关系

我们在应用色彩的明度效果时，可以把它“翻译”为黑白或是素描关系来理解，会更好掌握这一属性。

## 3.纯度

色彩除了色相和明度，还有一个重要的属性就纯度，即颜色的纯净度，反过来也可以说是色彩的含灰程度。在画面中对于色彩纯度的掌握程度反映出一个人的色彩修养和品性，同样在作品的设计风格中也可以体现这样的一种色彩感受。不过在时装画的应用中，更多的是将低纯度作为较高纯度主色的辅助色使用，使纯度高的颜色通过低纯度颜色来获得衬托。

另外，色彩的纯度也会产生透视效果，比如远处风景的色彩是灰蒙蒙的，而近处的景象则色彩艳丽明快。所以当我们将这样的规律应用到画面里的时候，就会出现远近交错的色彩效果。掌握好这个色彩的认知能力，对于我们塑造和描绘好色彩有极大的帮助。

右图是以低纯度的灰色为主的画面效果 ，与上图中式礼服的高纯度色彩画面效果形成鲜明的对比。

物体中色彩的低纯度一般在接近背光的位置里产生，反之为高纯度和亮色，如下图所示。

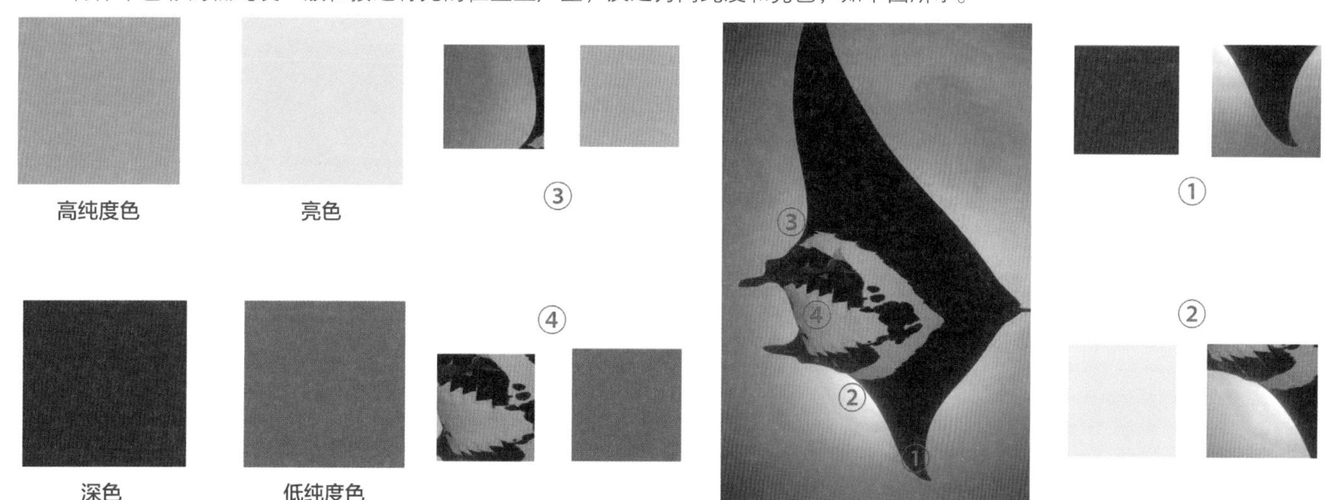


## 5.1.2 色彩关系

通过前面的学习我们知道色彩的三要素之间会相互影响，那么相互之间究竟是怎样的关系呢？下面就结合时装画进行具体的分析和讲解。

### 1.色彩冷暖

其实颜色本身不存在所谓的冷暖关系，这里所讲的冷色和暖色，是基于我们的生活体会和个人联想而产生的。比如看到红色我们可能会联想到太阳和火，而太阳和火是温暖的，因而把红色称之为暖色；再比如我们看到蓝色，就会联想到天空和冰雪，给我们的印象是冷的，所以我们会认为蓝色是冷色。所以，所谓的色彩冷暖关系就是我们对色彩的一种感受和心理暗示，它是存在于我们对外界的一种习惯性的认知体会。大家需要注意的是色彩的冷暖关系是相对的。

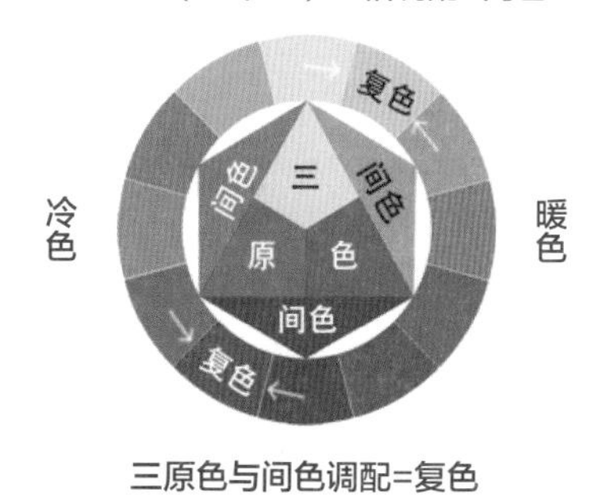


冷色和暖色在色轮中的基本感觉

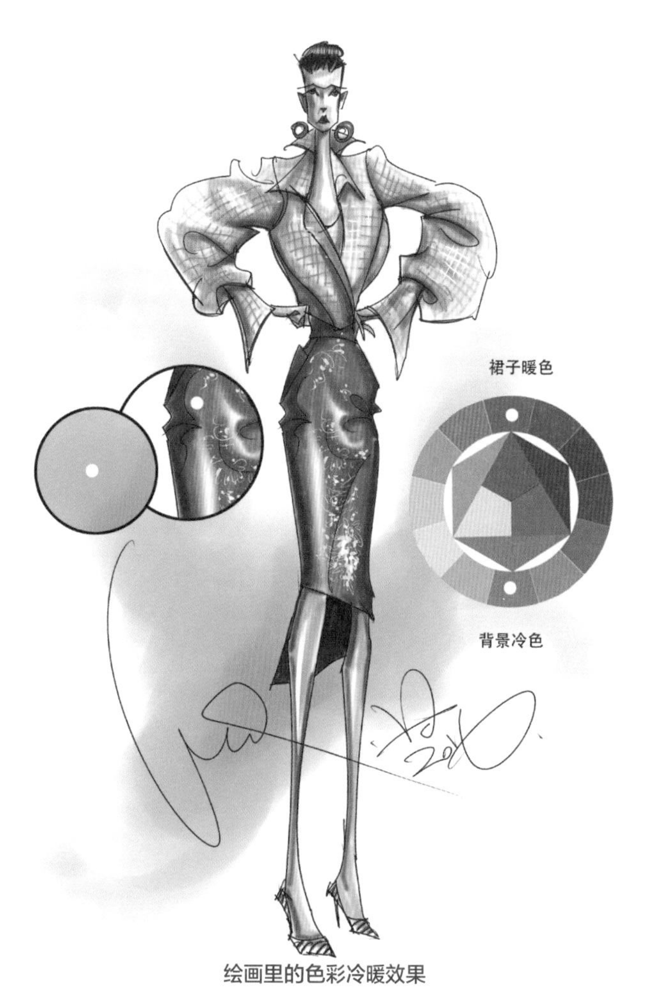


绘画里的色彩冷暖效果

## 2.色彩对比

对比的概念是存在于两者之间的关系。色彩对比是色彩间的大小、程度关系，如色块大小的对比效果、色彩的三属性的对比关系、色彩的强对比或是弱对比等，都带有一定的比例概念；还包括有色彩之间的强烈衬托关系，这个衬托关系在色轮上来看会更加容易理解。

对比产生美感，只有对比才会获得画面的层次和节奏效果。时装画的色彩描绘，更多的是色彩对比的描绘，掌握好这一色彩描绘理论，对画面效果的形成有非常大的帮助。

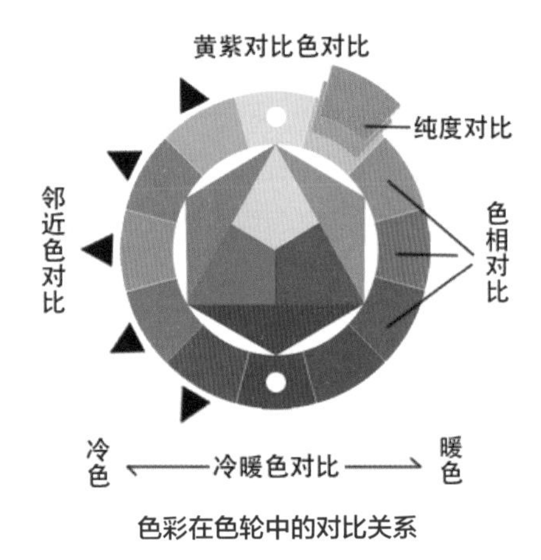


色彩在色轮中的对比关系

## 3.色彩协调

色彩光有对比还不够，对比产生的关系让我们记忆深刻，但归根结底画面对于观者的最大感受是总能在感动中回归一种平衡的状态。好的色彩关系，能够使画面更加舒适和耐看，作品更能散发持久的魅力。这种色彩的舒适关系，就是一种色彩的平衡关系，即为色彩协调的关系。

右图是通过高纯度色彩与无彩色、色块的面积大小、造型（点、线、面）等的组合形成的平衡对比。

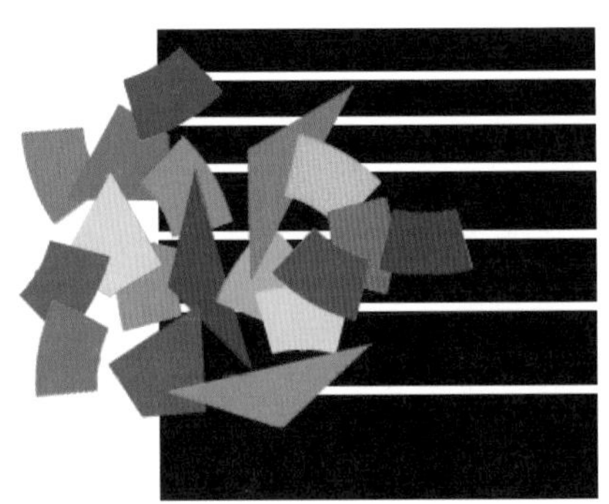

高纯度色彩与无彩色的搭配平衡

色彩的协调必须建立在一种色彩秩序的基础上。而这种秩序关系，就是色彩间的相互关系的共同体现。简单来说就是色彩的冷暖、对比关系产生以后，在画面上对突出或是抑制影响画面自然平衡的那些因素做出调节，让画面产生更加完美均衡的色彩效果。大多数的时候，画时装画一般都是先画好线描稿（黑色），然后再涂上各种亮丽的颜色，画面之所以不会感到很“火”，很重要的一个原因就是色彩的平衡原理。

# 5.1.3 色彩的其他因素

在描绘色彩的时候，除了要关注所要描绘的自身色彩与色彩之间的相互影响外，还需要清楚色彩是处在一个更大的环境或空间里，同时也会受到来自其他方面的色彩影响，有些是有规律可循的（客观），有些却是没有规律的（主观）。在满足以上色彩关系的基础上，逐渐发展出自身特有的色彩语言。

## 1.环境色影响

任何一个物体都不会是孤立存在的，色彩在这样的一个相互影响的空间环境里，同样也会影响着其他物体的颜色，并接受其他颜色对自身的影响。画时装画的时候，环境色往往会在画面中形成一个锦上添花的效果。

如图中人的脸部、袖子受到环境以及描绘主体自身的影响，色彩的描绘效果产生了微妙的变化。

## 2.主观喜好色彩描绘

主观色就是绘者个人的色彩偏好，总觉得在自己的作品中需要有某种颜色来点缀或是衬托，不自觉地使用某些惯用的色彩。从创作的角度上来说，有自我的审美倾向，是产生个人风格的基础。将自身的色彩喜好同色彩的规律相结合，往往能够产生让人耳目一新的效果。描绘时装画的时候，每个人都可以有意识地培养这种个人的色彩癖好。

MariaPaceWynters的美术作品大量运用主观色彩，为其作品增添了与众不同的魅力

# 5.2 上色的基本技法

时装画的颜色描绘，同样遵循一般绘画的色彩描绘技法，应该从基本色到间色和复色的色彩变化规律。当时装画是偏艺术创作的时候，与真正的绘画无异，只是相对来说时装画更具有时代特色，更加关注时尚流行，并具有一定的装饰趣味；而作为设计师的实用工具效果图时，也应该采用这样的上色规律，只是更加倾向于快速的描绘表达，类似于色彩速写。

应用到设计草图和时尚资讯推广中的时装画色彩描绘

本书色彩描绘教程的安排较为严谨，目的是希望初学者掌握好完整的时装画描绘方式之后，再根据职业经验以及绘画的熟练程度将快速的描绘形式运用到工作中去。以下是时装画中基本的色彩描绘原理和常用绘画表现形式，根据这些原理和形式，结合不同的款式风格来形成相对应的时装画效果。

## 5.2.1 色彩的块面描绘概念

人体、服装、服饰等所呈现的色彩非常丰富，如果要将所观察或想到的色彩描绘出来是不现实的，必须掌握概括色彩的能力，即会以块面的概念表达色彩。也就是说，要能够把相邻的、接近的色彩归纳为 种，这种颜色一般会以复色的形式出现，然后再和其他已概括好的颜色一起作为时装画的描绘色彩来使用。所谓的色彩块面概念还包括根据物体的结构变化和位置关系概括出能够交代这种位置变化的色彩效果。

**将自然色彩进行归纳（色块）是色彩绘画的基本能力**

### 色块的概念

高光即为留白或是强烈的光源色，亮色即面料固有色变浅或是和光源色混合，侧光的面料色即面料的固有色，暗部色即加深的固有色或是和反光色混合。也就是说，排除高亮的留白不算，只要在画面上表现出亮色（浅色）、固有色（中间色）以及暗色（深色）这3个层次就可以了。这样的色块表现绘画方法是任何一个绘画媒介工具都适用的。

## 5.2.2 彩铅上色方法

彩色铅笔具有灵活、体积小、非常方便携带等优点，能够随时随地进行时装画创作。在用彩铅进行上色的时候，可以抓住彩铅的特点，结合色彩的原理进行绘画（这里主要讲解彩铅的干画法）。

彩铅上色的基本原理是，通过彩铅铺线来形成色彩的块面和转折，并通过绘者的用力轻重体现色彩的浓淡效果，用不同的颜色交叉混排描绘，产生出另一种“新”的色彩视觉效果，让观者感受到不同色彩的存在。

普通彩铅颜色鲜艳，水彩彩铅兼具水彩画的效果，这是使用彩铅的一般常识。利用好这些特点，就能够让画面更加符合预期的效果。

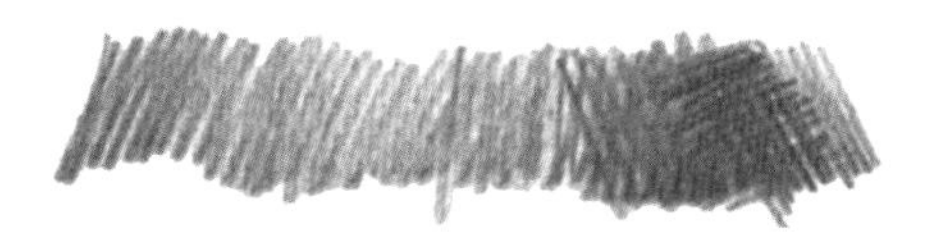

排线及线条交叉

通过不同颜色的线条交叉产生新颜色

力量的轻重铺色渐变产生自然过渡

（灰色+原色+黑色）

颜色降低纯度和加深颜色

相近的深浅色相交使颜色自然过渡

彩色铅笔的一般使用方法

彩色铅笔描绘清新、色彩艳丽，更适合快速记录

**TIPS**

水彩铅笔的颜料具有水溶的特性，在描绘的时候先用彩铅铺调子，然后使用浸水的毛笔将铺开的颜色进行水溶产生水彩的效果。这种类型的画面兼具了彩铅和水彩的特点。

## 5.2.3 水彩上色方法

水彩顾名思义就是和水有直接关系的色彩描绘方法，水的使用和控制是关键。水彩画最大的特点就是颜色具有透明感。在进行细致描绘的时候，水量应该少些；在描画大的色彩氛围的时候，水量应该加大，让相互的颜色自然地产生融合，常常会获得意想不到的效果，这也是水彩画非常具有魅力的地方。

在时装画中运用水彩画的方式描绘，目的是为了达到其他工具所无法涉及的水色相接的特殊效果。

水彩时装画的效果（普通水彩纸）

**头部描绘：高光留白，暗部偏，冷头发的层次处理有变化**

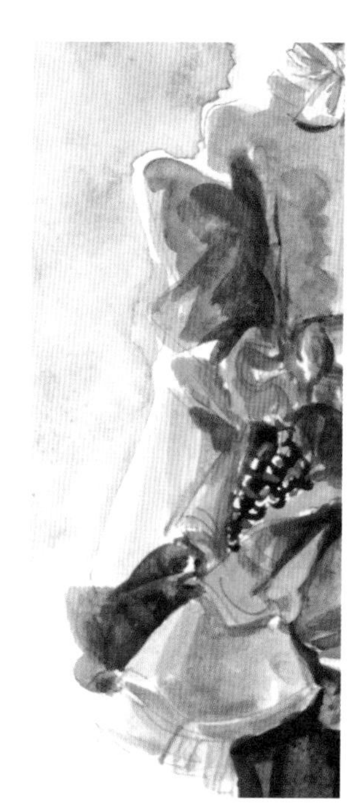

**身体部分对比描绘：虚实的效果处理，利用身体以外的虚空间塑造廓形**

**背景气氛的水迹烘托效果**

水彩和彩铅描绘最大的不同之处是，水彩更加注重色彩的感觉。建议在画的时候多用粗笔进行画面的刻画塑造，强迫自己概括观察。遇到细节不要急于埋头苦画，尽量用画笔的侧锋表现。在画的时候，水分的控制关系到画面水润通透的效果，无特别需要，尽量避免干画，这样就可以使得时装画尽可能地有水彩画的味道。

## 5.2.4 马克笔上色方法

马克笔是由记号笔发展延伸出来，分水性和油性两种。设计师用得最多的是油性马克笔。马克笔笔头一般分为尖头和平头两种。尖头常用于描画细节部分，平头多用于铺色，特别是大面积的色块。

油性马克笔的颜色具有不融合和透明的特点，一般不适宜调色，因此在上色时主要采用覆盖或者叠加的方式产生色彩的变化。想要明确色块与色块在并列或是覆盖后会有怎样的色彩变化，这就需要结合我们前面所学的色彩知识。

另外，马克笔盖面的颜色和实际的颜色往往相差很远，可以做一张色彩采样表，将马克笔的色彩按色相环的顺序和色相的渐变排列，记得要在画出的色块后注明马克笔的色号。这样的色彩表格是日后绘画时寻找合适色彩的依据，会一直使用。

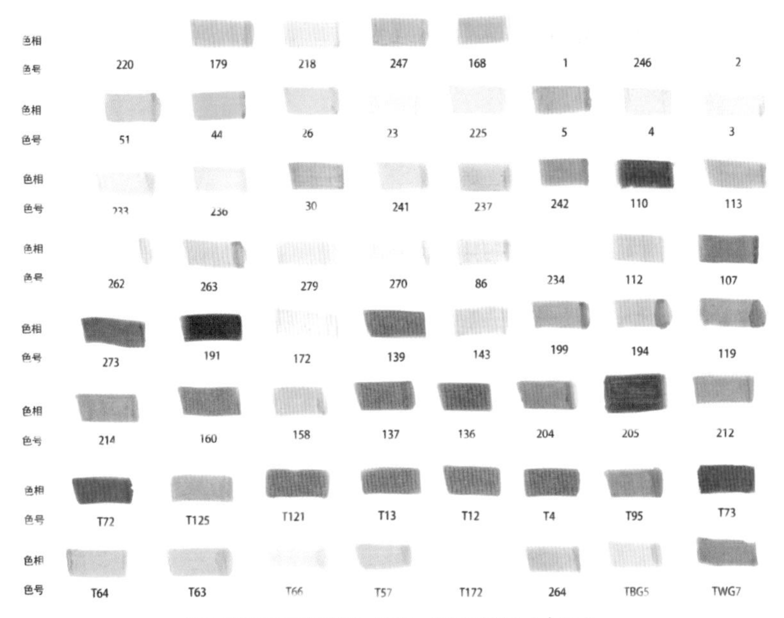


新买的马克笔要事先做好一张色彩表格（各个牌子的颜色与色号都不相同）

使用马克笔上色很多时候更加趋向于“感觉”。因为马克笔的颜色比较固定，而且色量有限，所以实际上色的时候和预期的颜色往往会有很大的出入，想要达到预期的效果只能在固有的颜色中进行组合，通过色与色的覆盖和并列达到效果，获得似乎和真实颜色相同的感觉，这点和能够自由混合调色的水彩、水粉有很大区别。也正因为如此，马克笔的使用更加讲究对色彩的提前预想和对色彩的概括能力，在落笔描绘的时候还要做到明确肯定、干脆利落、一气呵成。若想柔和表达，邻近色彩的衔接描绘能使画面获得理想的过渡效果。

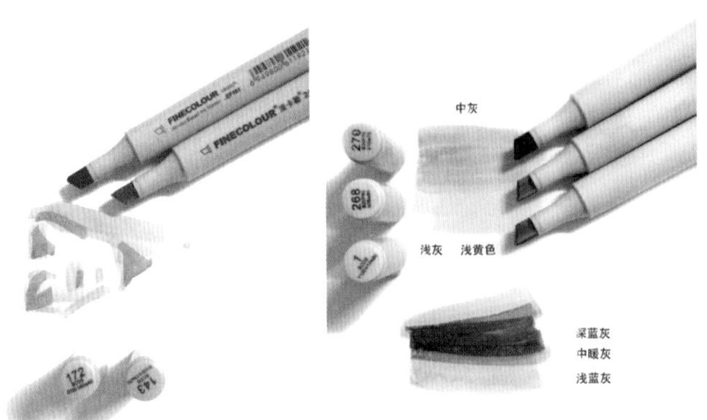


邻近色覆盖或叠加是基本的色彩层次体现

具有冷暖倾向的颜色覆盖叠加后同样产生冷暖倾向的效果

Alfredo Cabrera、Renaldo Barnette、Paul Keng马克笔作品欣赏

## 5.2.5 数码上色方法

数码上色是非常方便的现代绘画方式。理论上来说可以有无数个色彩可供绘者使用。也就是说，省掉了调色和拼色的苦恼，想要什么颜色就点什么颜色，随时可以改变颜色的属性，的确很方便，看起来也更加环保。不过，有实际的纸上绘画训练后再换成电脑的数码绘，相对来说会更加容易上手，而且更加容易找到手绘的味道。

虽然数码手绘拥有很多便捷的操作功能，能够快速地完成色彩描绘，但对于初学者来讲还是应该按照在纸上绘画的方式进行描绘，避免失去对色彩的观察和理解，降低对色彩的敏锐度。当然，在掌握了传统手绘模式的基础上，应该多多研究数码绘画并加以应用。也可以抛开传统的绘画模式，根据数码绘画和软件的特点，创造出新的描绘方式，丰富绘画的技法表现。

数码上色的几个原理如下。①新建纸张，选择画笔并建立笔触效果；②调节笔的大小和黑白颜色的深浅；③线稿完成后分层套色（用魔术棒框选后用水桶填色或者根据原有的黑白层次效果分层套色）；④调整图层的混合模式；⑤调整色彩效果（纯度、明度等）；⑥制作画纸质感和画材效果（也可以提前设置）；⑦对其中的图层使用复制（保留线稿等）、喷笔（晕色效果等）等辅助效果。

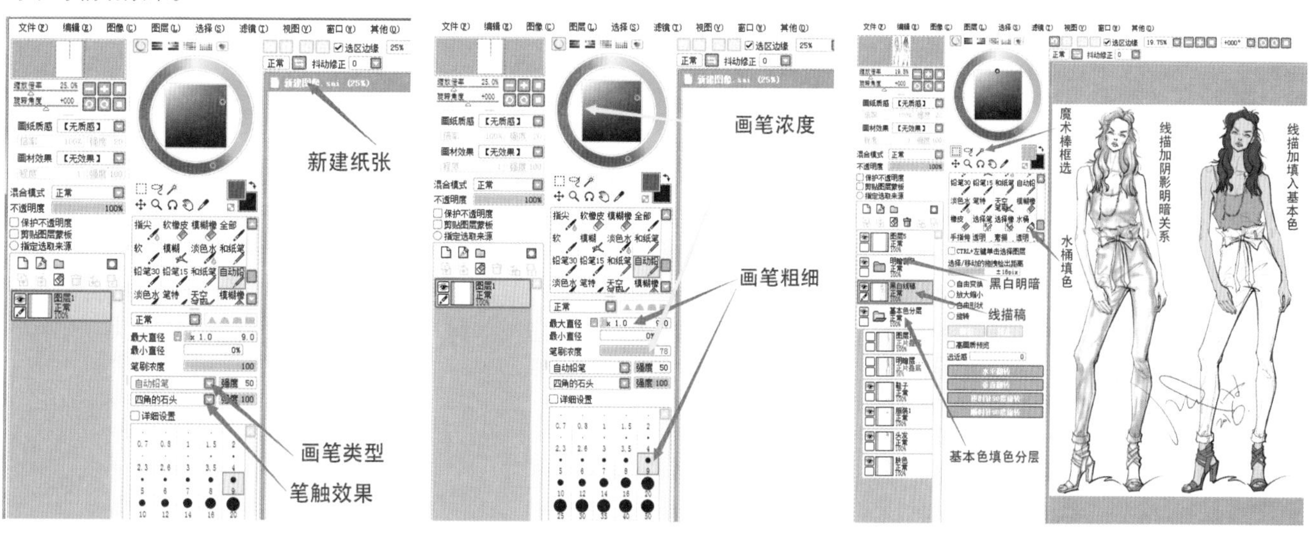

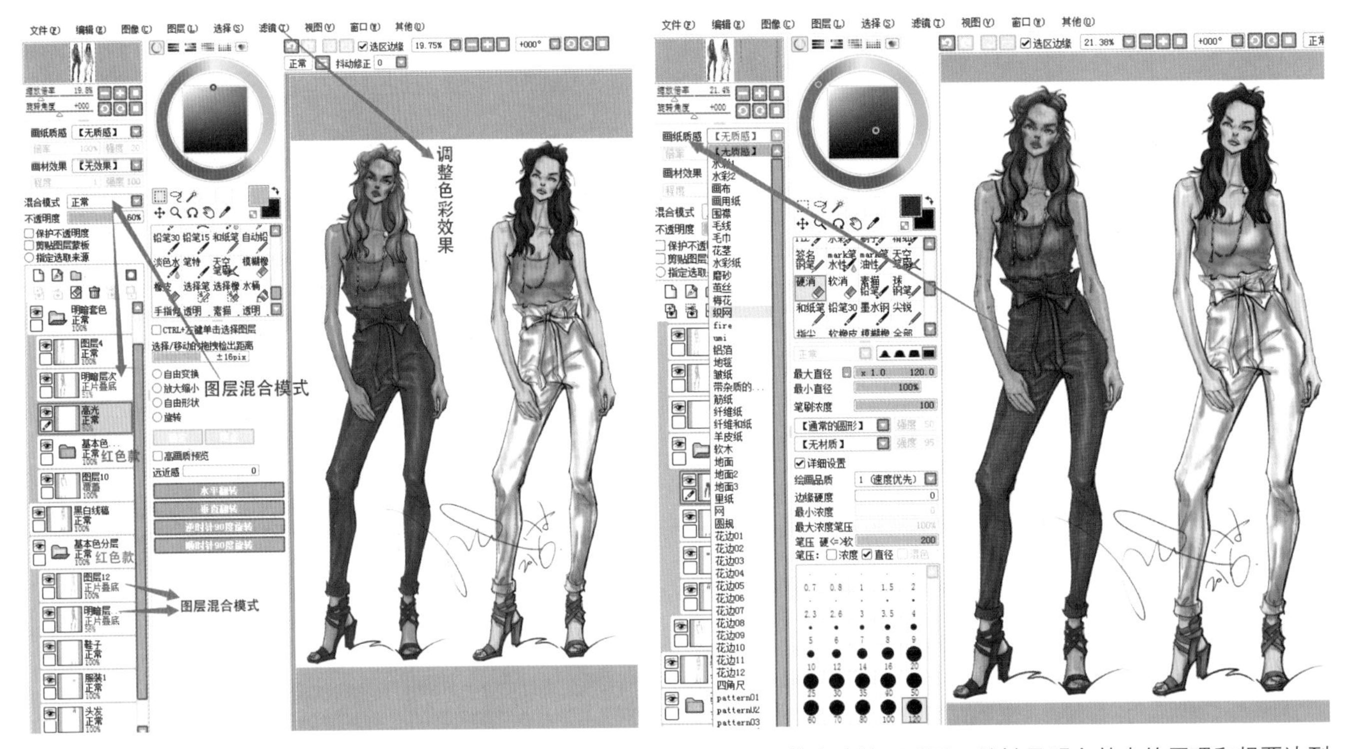


这些原理要素在不同的软件中有不同的名称和叫法，但都大同小异，其实这并不重要，关键是明白其中的原理和想要达到的效果，然后再找到相对应的功能表现就可以了。

# 5.3 面料材质上色技法

很多初学者在表现面料材质的时候会有畏惧的心理，主要原因应该是受到了现实材质的特质影响。

不同的材质给人的视觉感受是不一样的，一般的规律是质地光滑的材质高光和反光特别强烈；透明材质的颜色会比原来颜色的纯度和清晰度有所下降；粗糙的材质表面颜色柔和，过渡相对自然，几乎感受不到反光。

## 5.3.1 材质上色原理

在表现材质的时候不要被材质表面的一些因素所干扰，应该先如实地画出材质的固有色和明暗关系，这是最基本的。在这个基础上，再把材质的花样、肌理、纹路适当表现一下，材质的描绘就算基本完成了。最后才考虑材质的本质特性，这样就能体现出材质的真实效果了。比如柔和的，增加过渡效果；反光强烈的，多画些高光和反光；透明的，适当表现出一层淡淡的覆盖色，并在空白或是远离的地方，画上些断续的线条轮廓就好。

材质的描绘表现，其实并不像想象中的那么难画。初学者应该大胆、自信一些，克服畏惧的心理。

从视觉效果上看，图中的黑色网纱材质覆盖在皮肤上，使得皮肤的颜色变深了，其实腿部的肤色根本没有变，仅仅是画上了网状的裤袜而已。

## 5.3.2 常用面料材质的绘制方法

### 1.透明T恤效果表现

在动态着装线描完成之后，先忽略透明T恤的材质，将每个地方的本来颜色初步画一遍；然后将主要的明暗关系绘出，注意透明材质覆盖下的肤色会稍暗些；接着补充细节，注意透明料的高光描绘是关键。

01

02

03

04

05

## 2.牛仔夹克描绘

牛仔夹克的面料相对来说显得粗犷，描画的关键是斜纹布的特点表现。

在描绘的时候，应该先将夹克的正常颜色和明暗关系表现好，也就是将色彩的单色素描关系描绘出来，在保证这些关系正确的前提下在中浅色部分将深色按斜纹料的方向象征性地随意描画，即可表现出牛仔夹克的感觉。注意图中车缝线迹的描绘，是用杏色线以断续的方式进行描绘。

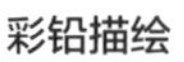

彩铅描绘

## 3.西装外套描绘

西装外套一般有化纤和毛呢面料等，在绘制前应该根据面料的表面效果确定色彩的基本层次是深、中、浅还是重、深、中、浅，如果表面色彩柔和则4个层次较好，如果表面反光强烈则3个层次就够了。这里说的层次不包含受环境色的影响或是画者的个人色彩感觉，在描绘好基本层次后再将花色纹样肌理画上去。

马克笔描绘

## 4.大衣和风衣描绘

在线稿完成后根据基本的上色流程，即先画浅色后画深色、先画亮色再画暗色的先后次序进行绘画。大衣的水彩质地过渡自然，高光和反光并不会太强烈，使得色彩的过渡描绘相应会有所增加。色彩里面的偏黄成分，是在后面才加上去的。在画裤袜的时候，注意条纹要在最后画，要先表现出变暗的肤色后再画上条纹就好。

大衣的水彩质地最后表现

## 5.棉服的绘画表现

棉服或者羽绒服既有亚光也有表面反光很强烈的面料质地，这和其他款式类别的服装质感表现没有太大的区别。对这类服装款式来说，最大的区别点在于款式的厚度表现，也就是说夹棉或是充绒后衣片变厚了，边沿和转角变得更加柔和了。只有把这样的特点画出来，这种类型的款式特征才会得到体现。

本例选用水彩工具表现棉服质感，可以看出棉服的亮部层次表现比较丰富，这说明面料的质感较为柔和，属于亚光效果；在车缝的边沿，还会特意描画它的阴影层次，以此体现出面料充棉的厚度感，这是灵活运用色块原理的一个绘画例子。

## 6.皮革的质地效果表现

对于光滑皮革或类似质地的服装材质表现，其反光较为强烈（高光应该直接留白），亮部和中间调子比较明确，明暗对比反差很大，在绘画的时候抓住这些特点就能够表现出亮光皮革的效果。

## 7.皮草的质感表现效果

在画皮草的时候，不要受到毛的影响，应该把它当做没有毛的质地来对待。把款式的结构以及明暗关系、颜色效果先画出来，以这样的一个效果作为画皮草的底子，再根据毛皮的特点、粗细、长短来决定画皮草的笔触。当然，画的时候要在概括的基础上进行，并且要抓住毛的走向来画，亮部的毛可以省略不画，这样就能够把皮草的基本效果表达出来了。

马克笔描绘

数码绘画

## 8.礼服的表现效果

婚纱礼服的材质多为闪光发亮的缎子、真丝、蕾丝花边、亮钻等材料，光感都较为明确。在画的时候，先要明确表现好色块的三个基本层次，在此基础上再画细节花边、高光亮片或者是色彩较为艳丽的装饰点等。当然，如果有纱质的透明效果，可用薄薄的透明颜色来表现。具体是要体现出轻盈还是隆重的效果要根据款式的设计来定。

# 5.4 时装画绘制方法

根据笔者多年的经验，各种服装款式和面料材质的基本绘制方法和原理其实都是一样的，人与服装都是三维的，只要掌握好色块和基本的光影关系就能够画好色彩效果。在明白了基本原理和方法的基础上，多多留心和表现所描绘对象的特征，那么你的作品就增加了感情和真实的成分，这也就足够优秀了。倘若还能发挥出自己的见解，并通过画面体现出来，那么这样的一幅时装画就堪称完美。

下面就以一幅4人组合时装画为例示范一般时装画的绘画步骤和方法。

4人组合示范最终效果（SAI数码软件描绘）

## 1.款式风格及轮廓分析

意在笔先，这是绘画先贤给我们留下的教诲。我见过不少人一坐下来拿起笔，就立马挥毫着墨、埋头苦画。如果不是先前早有腹稿，我是不会相信出来的作品能在多大程度上感动到观者的。这样的说法当然更多的是体现画家在进行艺术创作的时候，能够提早意会作品想要传达的效果。本教程这里说的意在笔先，是针对时装画的描绘对象而言，必须要明确所描绘的对象（模特、款式类型、设计风格、款式的基本结构和细节），做到心中有数，甚至还要画出草稿进行分析，而不要在满腹疑惑的时候就急着去动笔描绘。

本案例所要描绘的服装如下图所示，严格来讲不算一个系列，只能算是一个着装组合。但作为品类来讲是有系列变化的，款式从长风衣、拼合连身裙到毛织T恤、梭织七分裤，再到针织连衣裙、皮草外套，整个系列可以作为秋冬的基本着装品类使用。

款式分析草图

## 2.时装画动态的选择及草案

动态设计草案1：先定出整个动态的趋势，再大概将几大块和四肢简单标注出来。

动态设计草案2：草案是给自己做选择，应该以最佳体现款式风格和设计要点的动态为优先考量要素。

## 3.人体的基本形态确认

根据确定好的动态设计草案（实用与审美兼具），分析结构的变化与透视效果，调整好比例形态。

确认动态及比例关系后将人体效果明确描画出来，为着装做好准备。

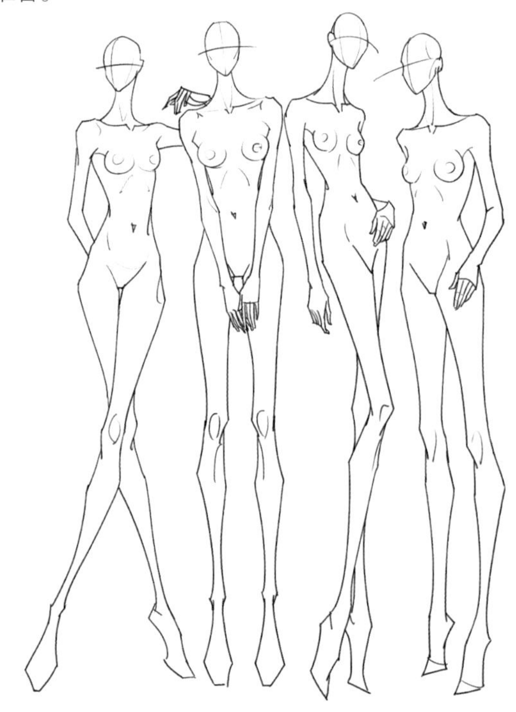

## 4.着装线稿草图

根据款式的设计特点以及展示的构想，把款式“套”在人体线稿上。关键是比例及着装的舒适度，可忽略衣纹。

## 5.着装线稿正稿

有了着装草图后，就可以仔细描绘款式的细节以及关键的衣纹衣褶。

## 6.第1遍涂大体基本色

除非面料表面光滑需要留白，否则第1遍的亮色可以平涂。不过为了增强时装画效果，建议还是在高光部留白。

## 7.第2遍涂色体现层次感

第2遍上色主要体现的是描绘对象（面料、配饰配件和肤色等）的本来颜色（固有色）。就算不讲究画面的空间感，但还是建议开始适当考虑色彩的远近和主次关系。

## 8.第3遍涂色深入表现

这一遍上色主要描绘对象的暗部，即深色部分。另外，注意本案例中的第1款内搭裙下摆部分靠前和靠后的效果，是利用色彩纯度来区分的。

**TIPS**

本案例中的第1款内搭裙下摆部分，可以用手绘的方式将其基本的色彩关系描绘出来，也可以在数码绘画的时候事先将花样以平面图案的形式做出，然后通过魔术棒选择或是拷贝放入已描好的线框内。为了更加适应产生动感的裙摆，利用变形工具适当做些调整可获得满意的效果。

## 9.整体调整并完善

在画面效果基本完成后，需要对画面整体进行观察和调整，观察画面整体是否协调、是否需要加强（纸绘要减弱很难，但可以通过加强其他的地方来衬托需要减弱的位置），或者不理想的地方应该怎么补救等。本例可以通过调整局部、色调，加上高光、反光来提亮画面，这也是增强效果的一些方法。

## 10.背景的情绪烘托

画面的效果处理和个人的审美喜好有关，和所描绘的对象风格也有关，但无论如何都是为了衬托画面的主体。如果背景过于夸张，则不利于画面的完整表达，所以画面的氛围处理也是画面构成的一部分，包括签名。本图例的背景氛围色调采用淡绿色，为偏暖的主体色起到衬托的作用。

# 附件：企业款式一般设计制单模式

有设计需求的服装企业一般是原创品牌、设计师工作室、女装品牌、服装批发企业、一些服装加工企业等，对于设计制单的格式和构成形式应该按照企业的业务需求和管理方法来制定。无论形式如何，基本的要素有企业或品牌的logo名称、设计师名字、开发季节，有些还会注明面料商和外发打样商家。具体的还会注明系列款号、设计交单日期、款式特殊部位尺寸说明、设计细节标注，也许还会有主管签名等（有些款号是直接由设计师自己写在制单的款式图旁边，一般指的是设计的版单号而不是生产版单号，特殊的例外）。

另外，根据企业的发展类型，设计制单分为款式着装效果图和款式平面展示图制单两种形式（一般着装图也会配有款式平面图，但设计师工作室相对较为灵活）。总之，以使用方便、达到明确沟通为考量前提，可自行组织结构形式。

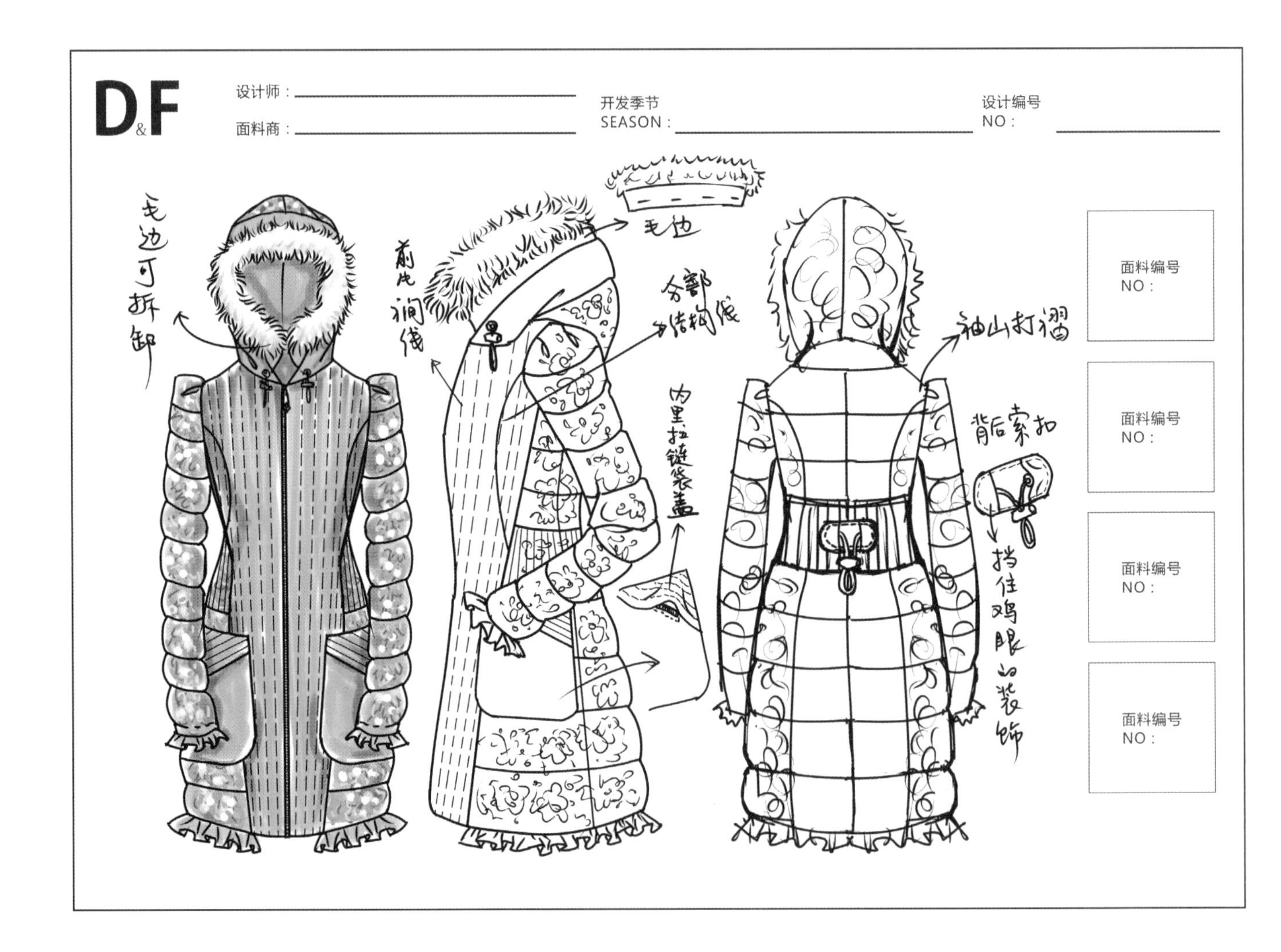

D&A
设计师：
面料商：
开发季节
SEASON：

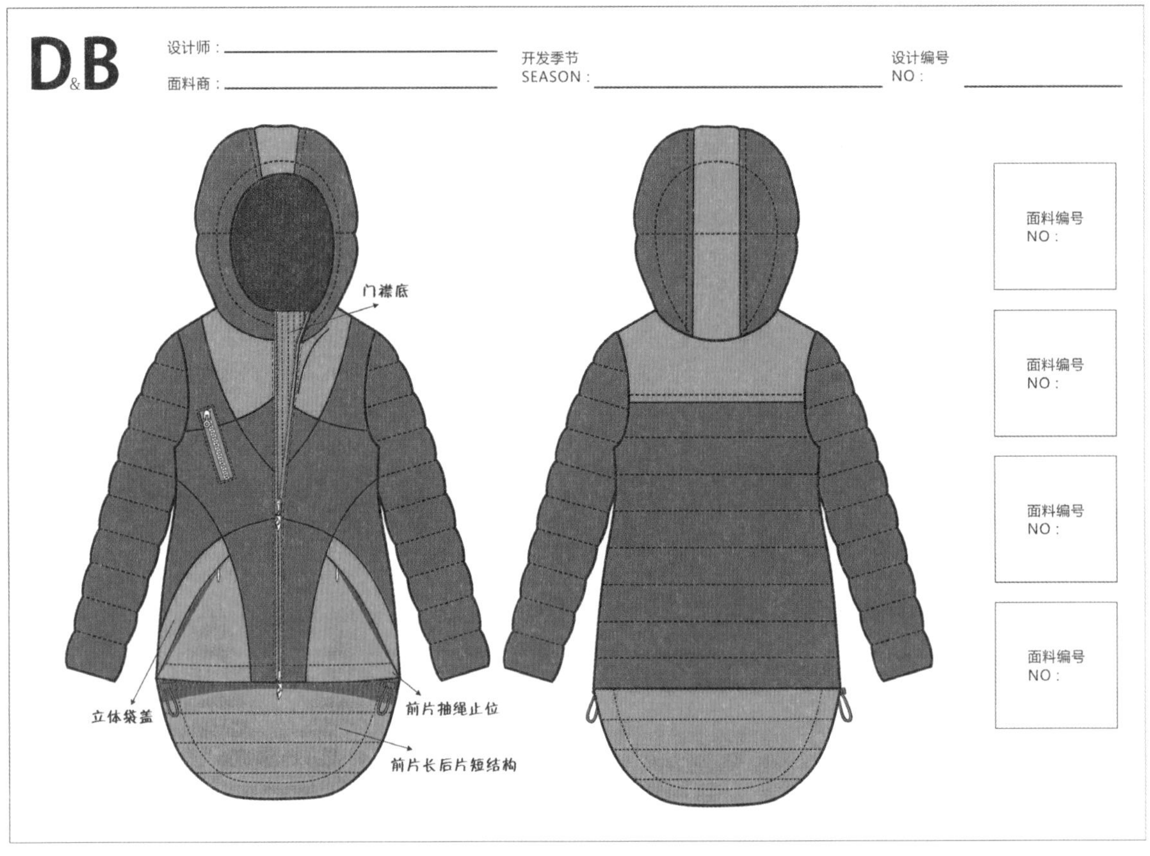
D&B
设计师：
面料商：
开发季节
SEASON :
设计编号
NO :
门襟底
立体袋盖
前片抽绳止位
前片长后片短结构
面料编号
NO :
面料编号
NO :
面料编号
NO :
面料编号
NO :

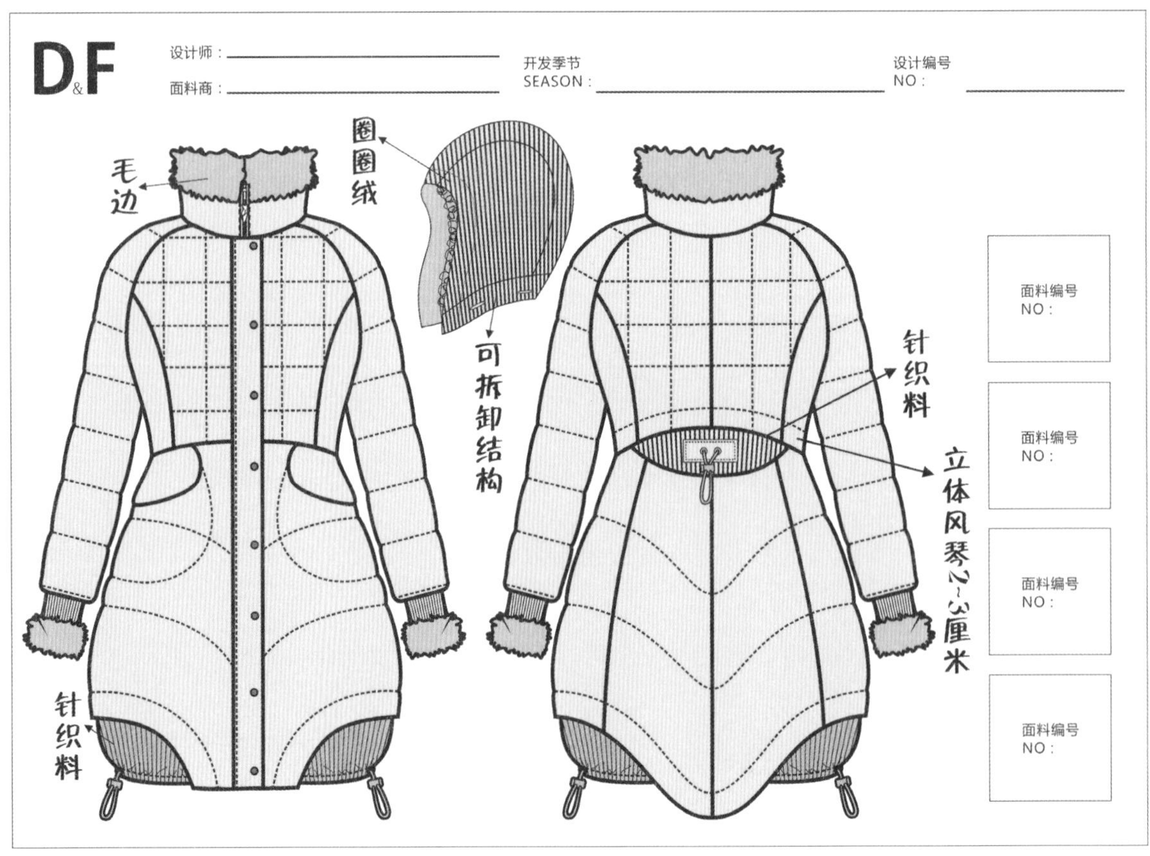
D&F
设计师：
面料商：
开发季节
SEASON :
设计编号
NO :
毛边
圈圈绒
可拆卸结构
针织料
立体风琴2~3厘米
针织料
面料编号
NO :
面料编号
NO :
面料编号
NO :
面料编号
NO :

D&U
设计师：
面料商：
开发季节
SEASON：

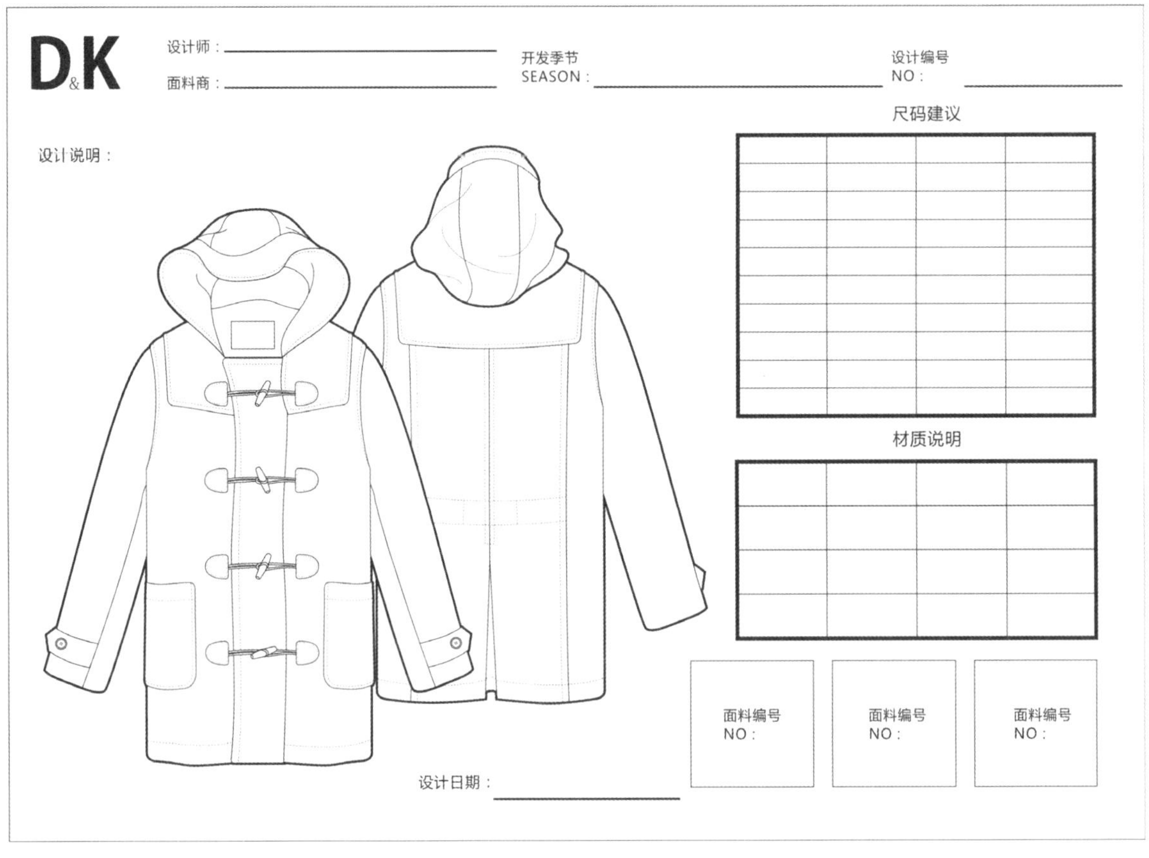
D&K
设计师：
面料商：
开发季节
SEASON：
设计编号
NO：
尺码建议
设计说明：
材质说明
面料编号
NO：
面料编号
NO：
面料编号
NO：
设计日期：

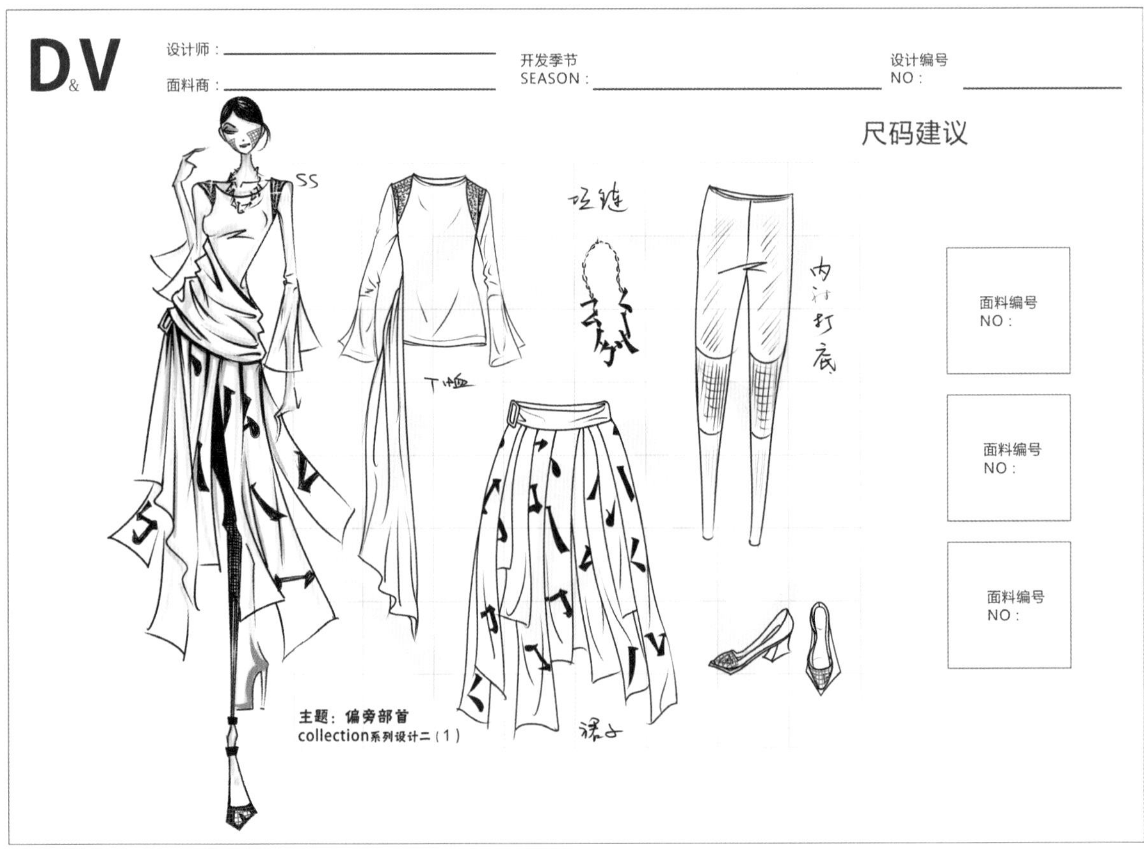
D&V
设计师：
面料商：
开发季节
SEASON：
设计编号
NO：
尺码建议
面料编号
NO：
面料编号
NO：
面料编号
NO：
主题：偏旁部首
collection系列设计二（1）

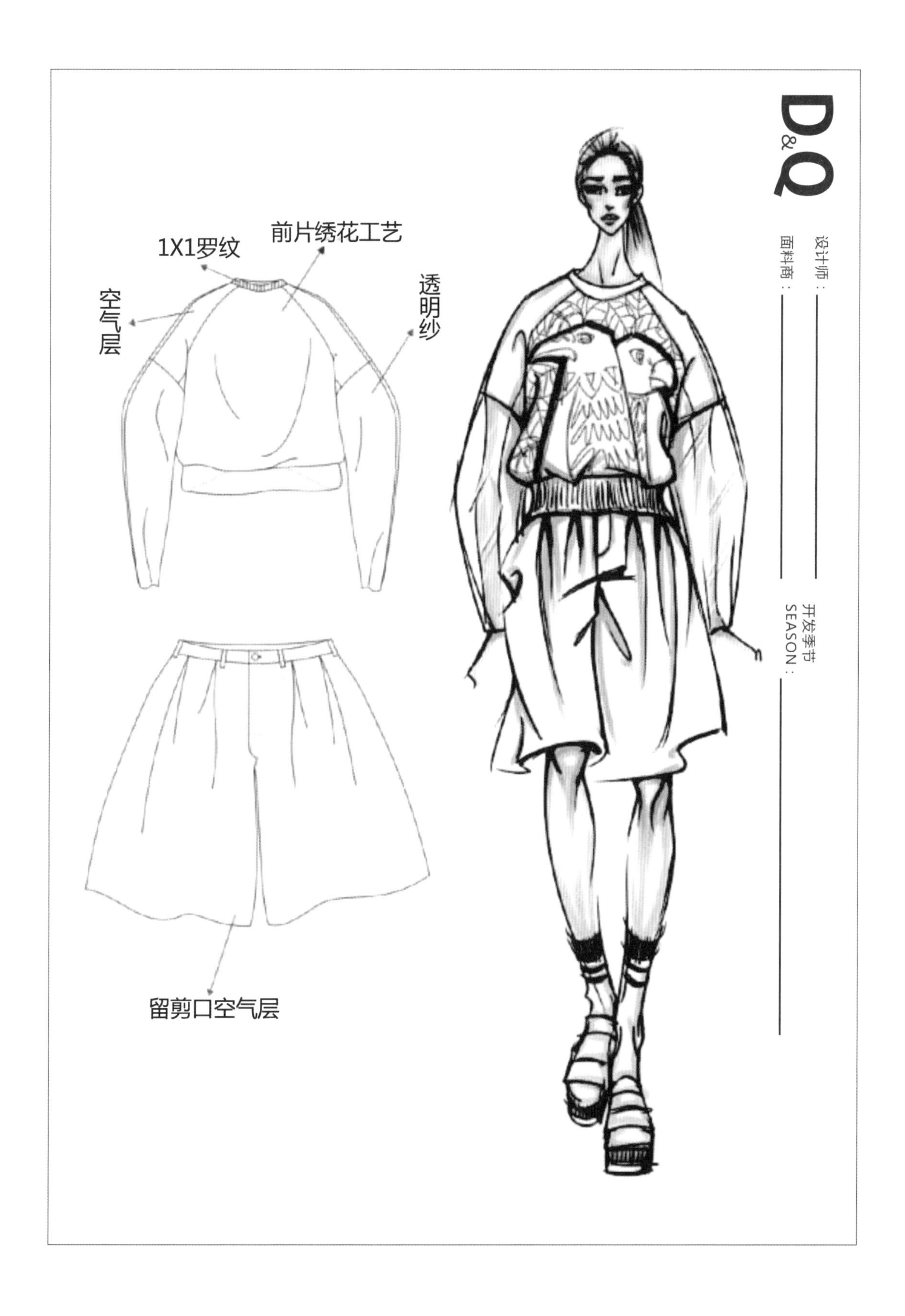
D&Q
设计师：
面料商：
开发季节
SEASON：
1X1罗纹
前片绣花工艺
空气层
透明纱
留剪口空气层

# 作品欣赏

通过吸收其他优秀时装画的造型和描绘效果，能快速提升设计师的绘画水平，同时也能开阔设计眼界、拓展设计思维。

款式平面展示图

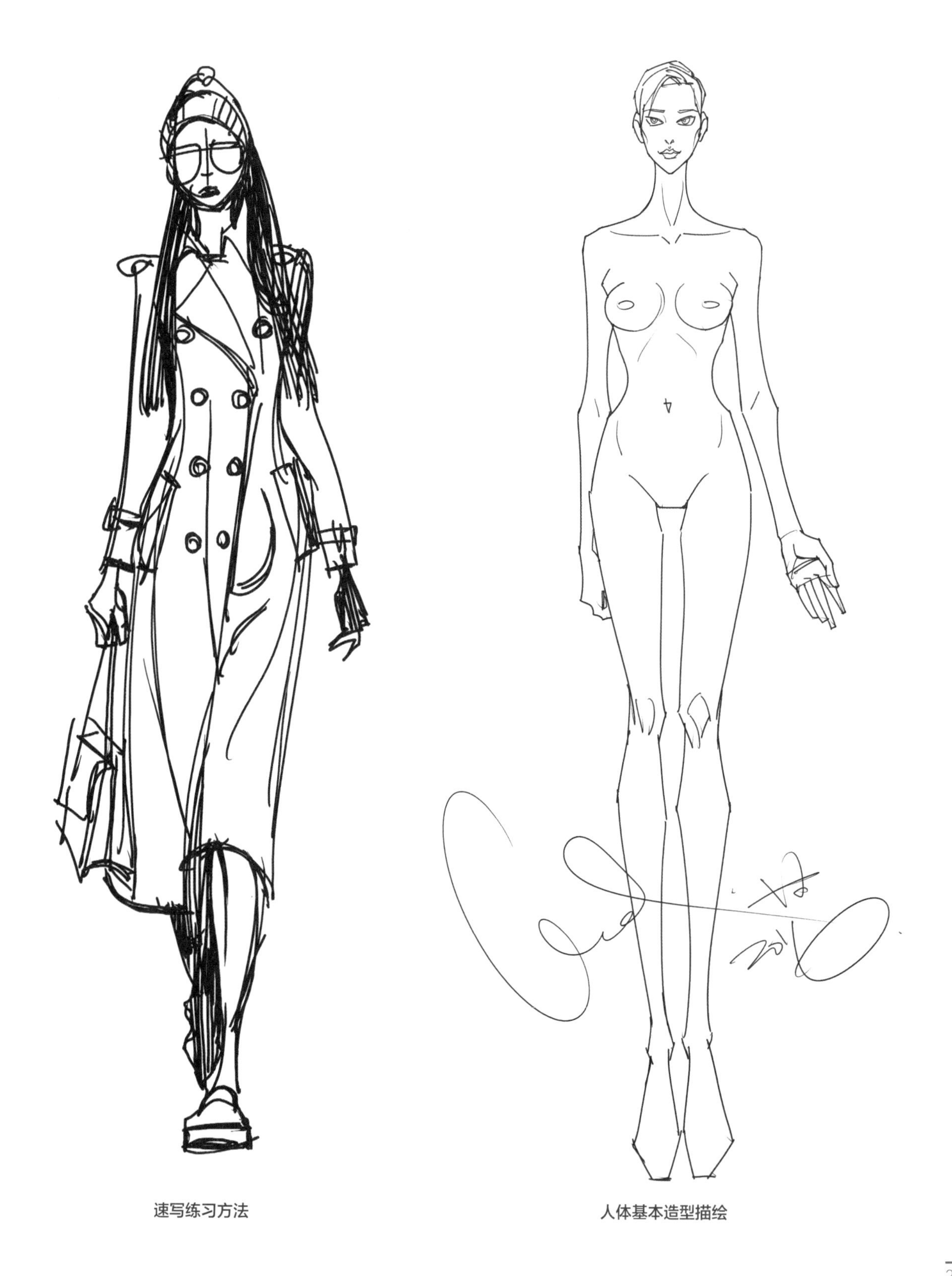

速写练习方法

人体基本造型描绘

速写练习方法

速写练习方法

人体形态及着装线描稿

人体形态及着装线描稿

时装画的线描动态习作

个性化造型的线描表现形式

时装画的数码线描以及黑白灰层次描绘

时装画的涂鸦习作

着装表现推敲

人体动态与着装效果比对

形态的着装效果

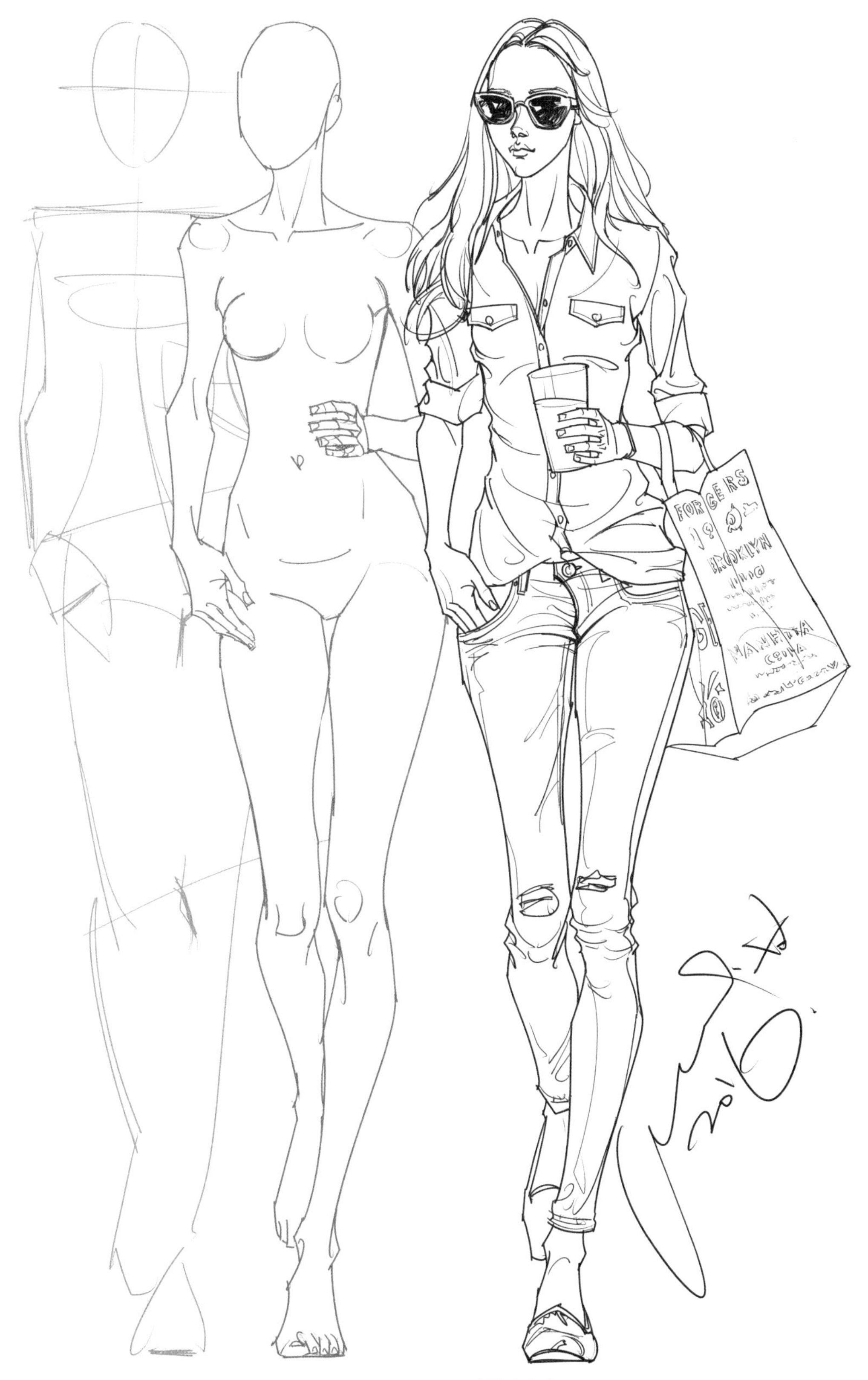

由动态设计到着装效果的走动描绘方式

礼服动态及着装线描效果

时装画的数码描绘

不同感觉的黑白效果描绘

不同感觉的黑白效果描绘

快速简单的质感表现效果

快速表现动态设计线稿

快速表现动态设计着色

时装画的数码线描　　时装画的数码上色　　时装画的数码表现效果

时装画的数码线描

时装画的数码上色

时装画的数码表现效果

时装画的数码表现效果

时装画的数码表现效果

时装画的数码表现效果

时装画的数码表现效果

时装画的数码表现效果

时装画的数码表现效果

时装画的数码表现效果

时装画的数码表现效果

时装画的数码表现效果

时装画的数码表现效果

时装画的数码表现效果

时装画的数码表现效果

时装画的数码表现效果

为纺织品流行趋势杂志绘制的数码描绘效果

数码快速描绘时装系列效果

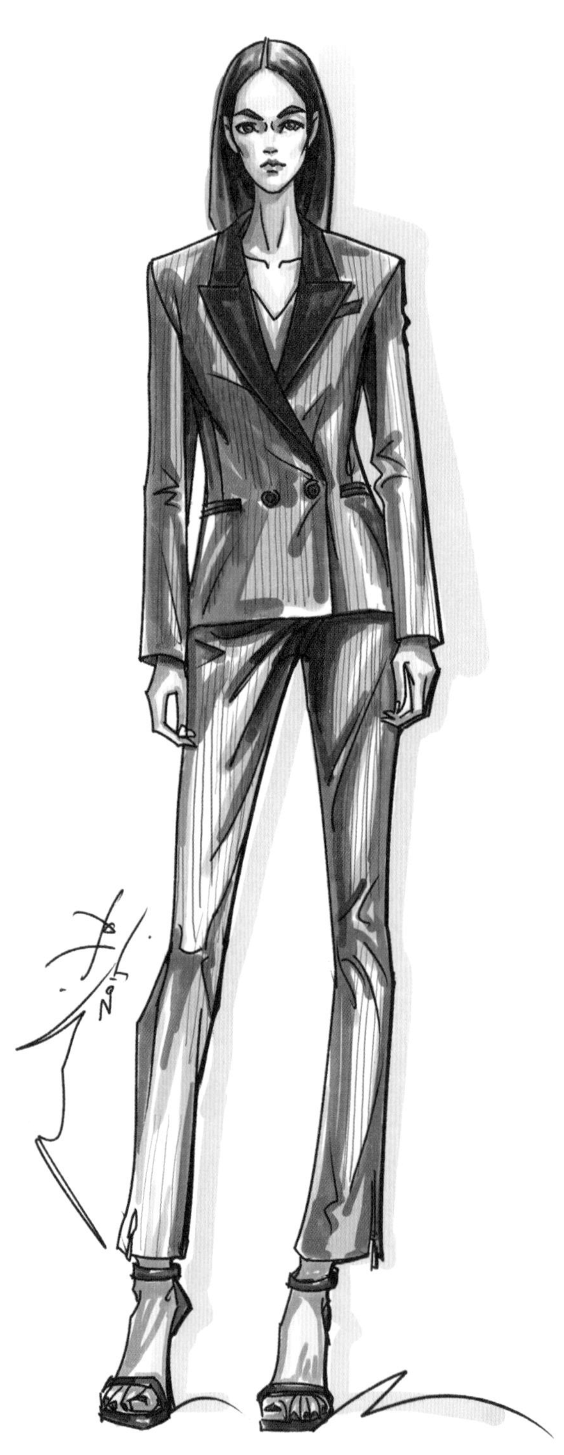

快速概括的基本着色表现效果

数码快速描绘效果

夸张概念服装的描绘表现

数码时装绘画效果

夸张腿长的效果描绘

快速简洁的涂色绘画效果

民族服饰数码描绘效果

奢华礼服数码描绘效果

彩铅纸绘效果表现

针织时装数码描绘效果

时装画的数码表现效果

马克笔纸绘效果表现

特色礼服描绘表现

系列的夸张造型描绘形式

人体动态与着装效果

上色完成图

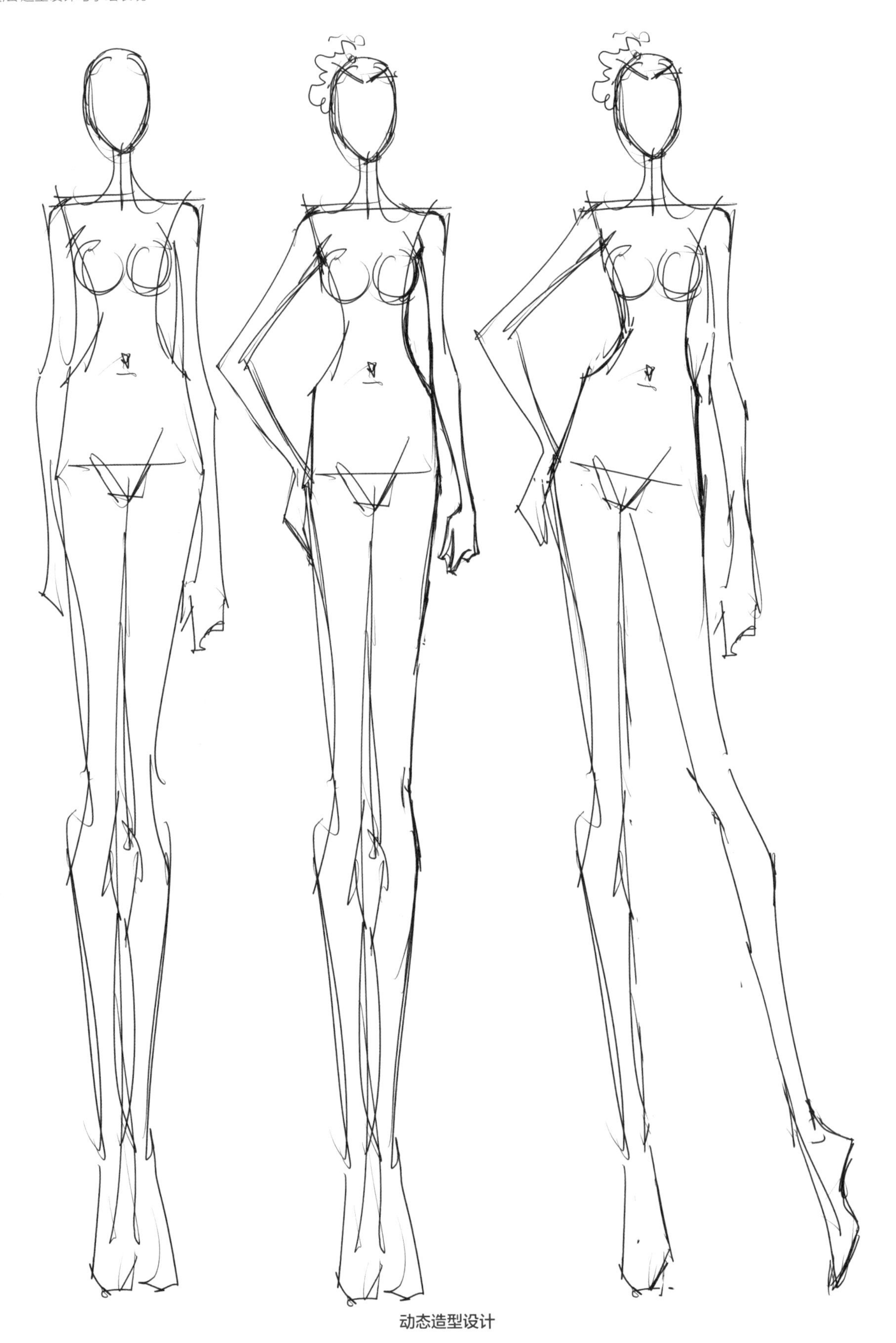

动态造型设计

款式确认与着装草案

完成线描

本例借鉴优秀时装画家作品的造型和效果来训练（可以适当变化）

# 后记

作为本人的第一本时装画绘制教程，写作过程非常辛苦，但好在有编辑的帮助和指导才逐渐有了头绪，才能让本书尽早与读者见面，在此非常感谢佘战文编辑！

另外，还要特别感谢我的绘画启蒙老师——我的父亲甘伟智和母亲甘云珍，是您们的潜移默化使我对绘画和设计有了初步的认知，相信在天国的您们也一定能看到这本书！

还要感谢我的家人和儿子。在写完本书的时候，儿子刚好满九岁，已经非常懂事。他经常会在我奋笔疾书的时候，打上一杯温水放在桌旁，让我倍感欣慰。还有我孩子的妈妈，在我努力写书而疏于家事的时候，能够无怨无悔地支持我，并常常在我情绪低靡时给予鼓励和安慰，在我因写书而肩膀疼痛时为我敷药和按摩。这些，都是支撑我努力完成本书的最大动力，在此一并表示感谢！

当然，还要感谢在我成长的路上教导和帮助过我的无数老师和朋友，谢谢你们！

**谢谢观赏！**